我们俩
——二人世界的时间与金钱

［日］主妇之友社　著
冯莹莹　译

·北京·

内容提要

本书分别从二人的相处之道、如何共度二人时光、整理的诀窍等多个方面，展现了17组家庭在日常生活中的时间与金钱的分配原则。文字内容既生动有趣，又贴近生活。书中配有大量的图片，展现了不同的主人，所具有的独特的生活趣味，也体现了和谐的家庭氛围带给人的美好感受。

本书适合所有热爱生活的人阅读。

北京市版权局著作权合同登记号：图字 01-2020-4748

图书在版编目（CIP）数据

我们俩 ： 二人世界的时间与金钱 / 日本主妇之友社著 ； 冯莹莹译. -- 北京 ： 中国水利水电出版社, 2021.4
ISBN 978-7-5170-9484-5

Ⅰ. ①我… Ⅱ. ①日… ②冯… Ⅲ. ①家庭管理－基本知识②家庭生活－基本知识 Ⅳ. ①TS976

中国版本图书馆CIP数据核字(2021)第048803号

策划编辑：庄　晨　　责任编辑：王开云　　封面设计：梁　燕

书　名	我们俩——二人世界的时间与金钱 WOMEN LIA —— ER REN SHIJIE DE SHIJIAN YU JINQIAN
作　者	［日］主妇之友社　著　冯莹莹　译
出版发行	中国水利水电出版社 （北京市海淀区玉渊潭南路 1 号 D 座 100038） 网址：www.waterpub.com.cn E-mail：mchannel@263.net（万水） sales@waterpub.com.cn 电话：（010）68367658（营销中心）、82562819（万水）
经　售	全国各地新华书店和相关出版物销售网点
排　版	北京万水电子信息有限公司
印　刷	北京天恒嘉业印刷有限公司
规　格	160mm×210mm　16 开本　9 印张　90 千字
版　次	2021 年 4 月第 1 版　2021 年 4 月第 1 次印刷
定　价	49.00 元

C o n t e n t s

Chapter 01 我们的二人生活

Chapter 02 二人生活的家庭收支管理

Chapter 01

Living Together

我们的二人生活

17 styles

当个性迥异的人在一起生活时，一个崭新的空间也应运而生。不同家庭的相处之道与生活规则千差万别。这里，17组“照片墙”的主角为我们展示了二人生活才能体味到的乐趣与真谛，以及经营生活的智慧。

Living Together

CASE 01

珍惜共度假日、保持身心轻松的生活

Shiori /Shiori 丈夫

Instagram ／ @ 14_shiori

由于我们平日忙于上班，难有片刻悠闲，所以分外珍惜假日的共处时光。为了不让家务过多占用休息时间，我们会计划性地分配家务。如果两人合力，不用一小时就能打扫完屋子，丝毫不觉疲惫。

二人关系 ／	夫妇
共同生活时间 ／	约八年
居住条件 ／	贷款公寓（六个月）
工作 ／	Shiori：全职 Shiori 丈夫：全职

Q. 二人相处之道是什么?

A. 在白板上记录事物清单

我们会将假日里需做事项与需购物品记在墙上的白板上。由于我们两个都比较容易忘事，所以想到什么就会立刻记下来。我们将白板置于屋中的醒目位置，以便随时都能看到。

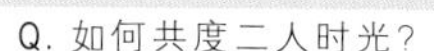

Q. 如何共度二人时光?

A. 共享假日、共品三餐

由于我们平日忙于工作，很难有闲时，这也让我们格外珍惜假日共处的时光。我们在假日里很少出门，只是出去买东西或在家做饭。虽然都是些平常小事，但是两人一起做就会觉得分外幸福。

Q. 整理的诀窍是什么?

A. 将卫生间用品全部收入吊柜

将厕纸、马桶芳香清洁凝胶、坐便垫、备用毛巾、卫生用品等全部收入吊柜，以保持外观整洁。我们会在每周三对卫生间进行简单打扫，在每周六进行仔细打扫。同时，每月还用旧牙刷仔细清理一次卫生间内的边边角角。

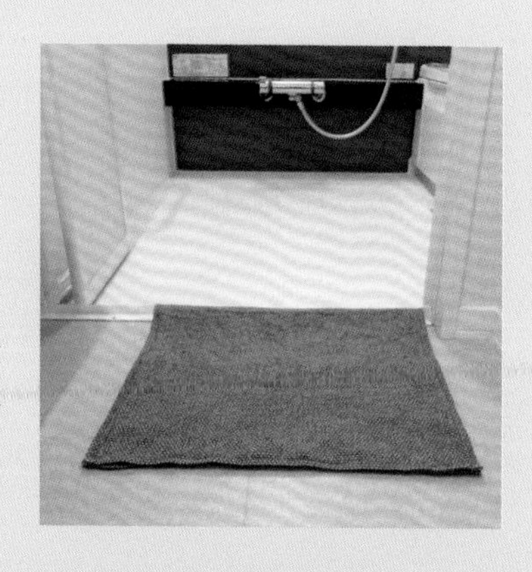

Q. 不可或缺的家居用品是什么?

A. 用以替换浴室脚垫的“George Jensen”茶巾

原本想用餐布，但听说该品牌的大尺寸茶巾具有速干性，所以买来用作浴室脚垫。该茶巾不仅能悬挂，外观也十分简洁，我们非常喜欢。由于它是速干型产品，即使不备替换脚垫也毫无影响，可谓是我家的必备单品。

□ 偏爱浅色调的北欧家饰

我家悉心种植着三种必不可少的观叶植物，分别是伞花六道木、高山榕和紫苞石柑。目前还没有增加植株的计划。

我和丈夫都十分向往北欧，家里也购入了很多北欧风的餐具和杂货。虽然彩色的北欧风用品较多，但我们旨在打造清爽的家饰风格，所以选择了浅色调且设计简约的物件。家里的基础色调是白色、浅驼色和原木色，并将绿色作为点缀色。为了调解屋内的冷淡之感，我们会每周购入一次鲜花以作点缀。

『自己的事情自己做』是基本原则

当两个人一起生活时，依赖对方可能是无可厚非的。刚结婚时，我也是以丈夫为中心，每天忙于应付工作与家务。不过，勉强坚持的事情无法长久，所以我们商量后决定：自己的事情自己做，有时间的一方主动帮忙做家务。每个人的付出并非理所应当，所以我们会对对方的帮助表达感谢之情。

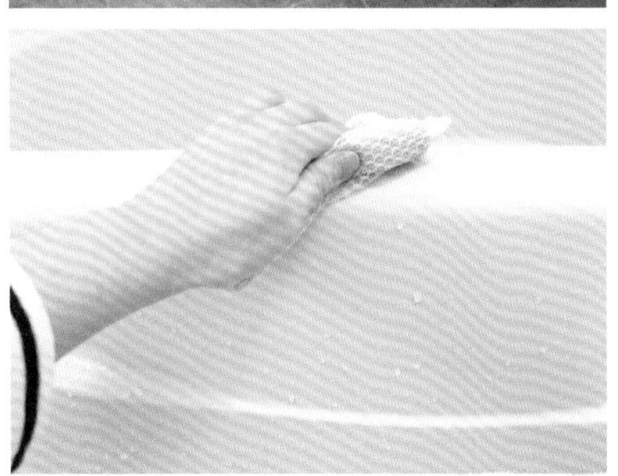

二人分担打扫工作。最后洗澡的人会简单清洗浴盆、擦拭镜子。我们平日工作繁忙，无暇做太多家务，一般会在假日里仔细打扫一番。

□ 二人分管洗衣与晾晒

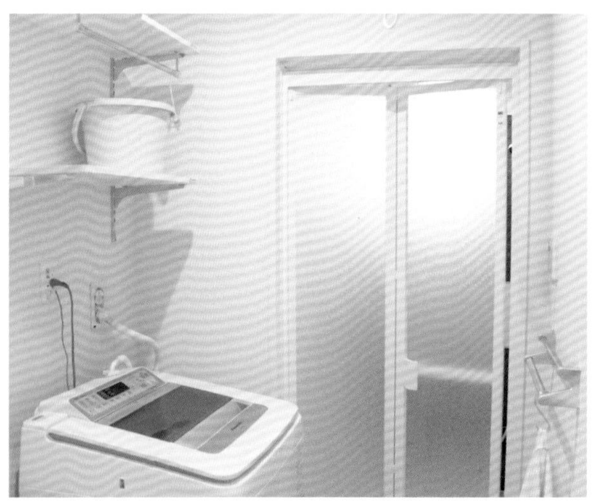

我家习惯在早上洗衣服，这是由于二人下班时间不定，很难在晚上统一洗涤衣服。一般而言，我会在早晨将待洗衣物放入洗衣机并按下按键，然后出门上班，而上班时间晚于我的丈夫则负责晾晒衣服。二人的通力协作，得以让洗衣工作顺利完成。平时，我们会将内衣类衣物晾在洗衣机上方，并将储物柜置于洗衣机旁。

□ 每周一次的丈夫料理日。周末打扫厨房

平日晚餐基本是我做。我家会在周末集中采购食材，所以平日多用冰箱里的储备食材。丈夫周三不加班，所以会负责做当天的晚餐。每当周三我回到家时，看到饭菜齐备，都会觉得无比幸福。我们平日忙于工作，几乎没时间打扫厨房。因此，会选在周五晚上或周六早上用计时器设定二十分钟以集中清理厨房，这种感觉就像完成游戏里的通关任务。

我家的早餐以简单为要，比如饭团、茶泡饭、纳豆和米饭、腌菜等易于准备的食物。图中这个让我喜爱许久的日式餐盘是丈夫送我的礼物。

我俩经常出差或加班，所以一人吃晚餐是我家的常态。当丈夫出差回来时，我也会做他想吃的菜。每逢周末，我们不会把做饭的事推给一方，而是二人一起享受烹饪的乐趣。周末的经典菜品是烤下水、西班牙海鲜饭（用冷冻什锦海鲜）等简单的烤盘菜肴。另外，还有仅需切片就可摆盘上桌的生鱼片和拍松鱼肉等家常下酒菜。

□ 二人一起用餐的感觉是如此特别

我们每周有五天需要带饭，这样不仅能节约开支，还十分营养健康。如果带饭的准备工作过于烦琐，就很容易半途而废。所以，我一般会带晚餐剩下的一样菜及两样小菜。有时，也会在小菜里加入迷你番茄或水煮蔬菜。

□ 外出享用适中而随意的午餐

我们很喜欢在家吃饭，不过每个月也有几次利用假日外出用餐，而且几乎都是午餐。这是因为午餐的价格要比晚餐更为适中。同时，我们会登录一些匿名点评网站，来寻找那些便宜又实惠的餐厅。

□ 旅行与鲜花在二人生活中不可或缺

用应季花卉装饰房间是我家的一项日常工作。我们每周会去超市的鲜花专区购买鲜花，然后装饰在餐桌上。这笔预算一般在 200 ～400 日元。也许鲜花并非必不可少之物，但我觉得鲜花能给人以慰藉。

旅行是我们的共同爱好。我们每年会根据预算去各地游玩，这也是我家开销最多的事项，不过，利用丈夫公司的疗养所能节省不少开支。

Living Together

CASE 02

平日独立、周日共度的相敬如宾式生活

Yui /Kazuki
先生

Instagram / @__yuinstagram__

既尊重个人时间又照顾对方感受是二人生活的一大优势，而恰到好处的距离感则很好地平衡着我们之间的关系。我们始终难以忘怀在伦敦合租公寓里的那些日子，所以尽量保持着相敬如宾的相处方式。

二人关系 /	夫妇
共同生活时间 /	约九年
居住条件 /	贷款公寓（四年）
工作 /	Yui：计时工＋自由职业 Kazuki 先生：职员

Q. 家居设计的主导权归谁?

A. 由偏好家居设计的妻子负责

由于我的本行就是家居设计相关工作，所以负责设计家里的全部家饰。首先，起居室的主色调为棕色，以营造暖意。然后，以实木家具为主，适当添置一些铁脚桌、户外椅、工业风灯具等，以让空间更具现代感。

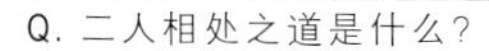

A. 每周日一起外出

我们之间并没有什么严格规则，但习惯于每周日两人一同外出。每逢假日，我们会在外面吃午饭，然后顺便去某处闲逛，之后尽早回家。晚上就在家里享受悠闲时光。

Q. 不可或缺的家居用品是什么?

A. 极具设计感的厨用电器

比起厨用电器的功能性，我更倾向其设计感。我家的冰箱、微波炉均选用“无印良品”品牌，电饭煲选用“Cuisinart”品牌，面包机选用“Plus minus zero”品牌，电水壶选用“Balmuda”品牌，不过色调均统一为单色或银灰色系。

Q. 壁柜的独特性是什么?

A. 用衣箱、衣架、梯架提升收纳性

我家的收纳空间较少，着实让人为难。由于卧室里的小壁柜无法放入两人的衣物，所以我们增置了衣箱、衣架和梯架。同时，将非应季衣物收入床下的收纳箱中。

02 CASE

我家的LDK（起居室、餐厅、厨房）算是比较宽敞。我们在起居室与工作区之间放置了一个IKEA（宜家）的开放式阁架。这种阁架不仅不可以挡光，还便于两侧使用。另外，在门口与起居室之间用一个IKEA衣柜作隔断。为了不让衣柜背面影响观感，我们特意涂上黑板涂料，并写上文字、装饰几个可爱小物件。

□ 巧用大型家具间隔房间

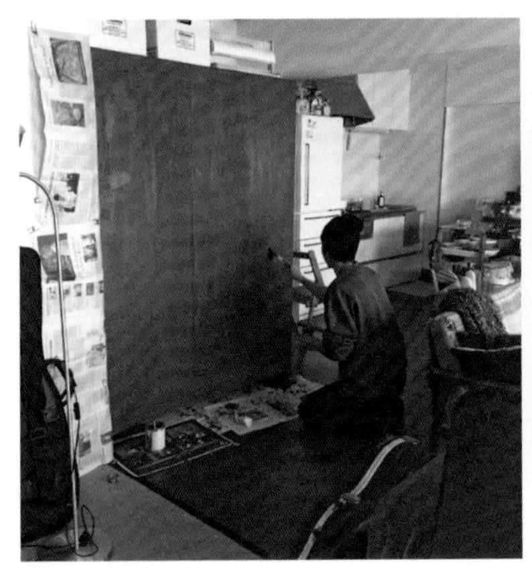

□

让兴趣藏品兼具家饰功能

check!

丈夫喜欢的盆栽是家里颇具阳刚气息的家饰。

毫不夸张地说，我家房间里摆放的几乎都是我的物品，只有置于起居室与工作区之间的IKEA大型阁架上放着属于我们两人的书籍。阁架上层用于陈列物品。另外，最近安装在阁架下层的IKEA同款抽屉用于放置二人的饰品、手表等各种小物件及收纳陈列用杂货。

丈夫的兴趣是栽种植物和弹吉他，所以家里有很多观叶植物及各种吉他和相关器材。于是，我们特意给起居室营造出一种阳刚之感，以让这些物品兼具家饰功能。

□ 根据个人的特长和时间巧妙安排家务

无需刻意安排家务，每个人根据自己的时间完成擅长的家务即可。由于我比较擅长打扫、洗涤与整理，所以几乎全部承担了此类家务。虽然我们周末时也会一起去购物，但大多数时候都是各自下班后买回所需物品。平时我们会用即时通信软件沟通，但在购买食材时偶尔也会重样。

□ 丈夫烹饪的美味总让人充满期待

丈夫喜欢且擅长做饭，由于他一周里有三天比我回家时间早，所以会经常做些炒菜、炖菜、过水荞麦、素面等简餐。有时，他还会在休息日给我做他最擅长的咖喱料理。

□ 在休息日早餐享用滴滤咖啡与薄饼

早餐几乎都是我做，平时不过是烤几片面包，但滴滤咖啡是必不可少的。每逢时间充裕的休息日，我偶尔也会做些薄饼或法式吐司，然后二人悠闲地享受这难得的早餐时光。

□ 平日共进晚餐的小幸福

对我们而言，共进晚餐是件值得期待的事情。由于丈夫经常回家很晚，我们每周里仅有三天可以共进晚餐，因此这段时光非常宝贵。不知源于何故，饺子成了周五晚餐的传统菜品，每当一周结束时，饺子与啤酒总会让人感觉很幸福！

□ 妻子挑选的简约款餐盘餐具

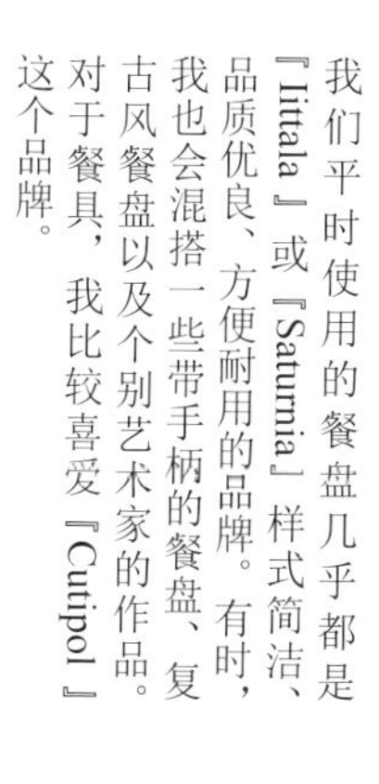

我们平时使用的餐盘几乎都是『Iittala』或『Saturnia』样式简洁、品质优良、方便耐用的品牌。有时，我也会混搭一些带手柄的餐盘、复古风餐盘以及个别艺术家的作品。对于餐具，我比较喜爱『Cutipol』这个品牌。

□ 互不干涉对方的私人空间

我们两人都属于喜欢独处的类型。有时，长相厮守反而会让我们觉得辛苦，所以我们都很重视属于自己的时间。丈夫的爱好是抱石攀岩和跟朋友喝酒，此时我会一人在家工作或独自去喝咖啡。有时，我们也会在同一空间内专注于各自喜欢的事情。

□ 充分享受野餐、赏花等季节性活动的乐趣

除周日之外，我们平时的安排都很随意，这也让我们分外珍惜在一起的时光，尤其不能错过的是那些季节性活动。春天我们会带上便当外出赏花，夏天去观看焰火表演，秋天去跳蚤市场淘货或去公园野餐，圣诞节时我们会做烤鸡这类需要花心思的菜肴，然后从上午开始喝酒畅谈。

□ 二人命运共同体让我们不惧任何困难

我们二人都喜欢按自己的节奏行事。虽然我们在结婚前曾同居三年多，但即使分开生活，估计彼此也会很少联系。两人一起生活时，即使偶有争执，也会敞开心扉、直面问题。我们彼此依靠、苦乐与共，这种命运共同体让我们不惧生活中的任何困难。

check!
长假旅行是我们最期待的事，一般会选在“七夕”（结婚纪念日）前后出发。

Living Together

CASE

03 发挥各自特长的惬意生活

我很喜欢构思家饰与收纳，即使房间面积不大，我也希望营造出清爽、整洁的氛围。我们不会过细地分配家务，而是选择一种能充分发挥各自特长的愉快的生活方式。我们都很喜欢北欧家饰，最近爱逛各种家具及杂货展。

saori /koro 先生

Instagram ／ @ saori.612

二人关系 ／	同居中
共同生活时间 ／	约三年
居住条件 ／	贷款公寓（一个半月）
工作 ／	saori：职员 koro 先生：职员

Q. 家居设计的主导权归谁？

A. 更换样式之前必定先征求对方意见

我对家居设计的想法很多，不过在更换样式或购入新品之前必定会征求对方意见。只有让双方都获得精神上的愉悦，才能营造美好的二人生活。

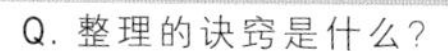

Q. 整理的诀窍是什么？

A. 将物品尽数收入收纳架

我们会事先决定放置物品的位置，不将其置于地上或桌上，以减少日常整理工作。我们习惯将物品收入便利的单层收纳架，并在用完之后将其放回原处。总之，这些都是为了减少整理的麻烦。

Q. 壁柜的独特性是什么？

A. 将晾干衣物带衣架收入柜中

由于我家仅有一个壁柜，所以我们决定将两人衣物都放入其中。衣物几乎都用衣架挂在柜里，同时还会将非应季衣物装入“无印良品”的收纳软箱中，并置于壁柜上层。此种收纳软箱不同于塑料箱，十分轻便、柔软，还可随意搬动。

Q. 如何共度二人时光？

A. 打卡网红拉面馆

我们两个都是吃货，平时尽量自己做饭，但会在每周末外出品尝自己喜爱的美味。我们特别喜欢拉面，偶尔也会去离家较远的网红拉面馆品尝一番。

□ 不安置大型家具而使用床垫

每天清早，先生负责整理床铺。为了减少麻烦，我们只将被褥放在墙边的矮桌上。如此整理虽增添了几分家用感，却十分省事、方便。

我们一直想要一套设有独立洗漱台、鞋柜、吧台等较多收纳空间的1LDK房间。如果屋中附带收纳空间，就省去了购买多余家具及收纳用品的麻烦，同时也易于使用单层收纳架。为了能让狭小房间显得宽敞一些，我们没有购置大型家具。卧室空间有限，很难摆放床品，于是我们选择了『Airy』品牌的床垫。早晨起来只需将其立于墙边即可，如此能让屋内更显宽敞。

向帮忙做家务的一方表达感谢

顺利推进家务工作的秘诀就是要对做家务的一方心怀感激。平时，没做家务的一方会向做家务的一方道谢。我俩不会过细地分配家务，当我比较忙时，对方会帮忙完成购物、洗碗、洗衣服等家务。由于男友十分理解我平时的付出，即便我偶尔忘记洗衣或打扫，他也毫无怨言。

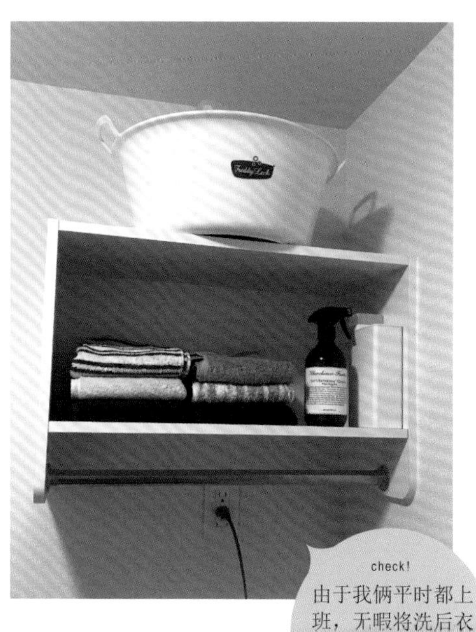

check!

由于我俩平时都上班，无暇将洗后衣物晾在外面，一般的做法是睡前洗衣、室内晾干。

男友负责早晨扔垃圾、整理床铺和清洗浴盆。由于清理大垃圾桶太费工夫，我们弃之不用，并尽量减少室内垃圾桶的数量，以使收拾垃圾变得更加轻松。

□ 让人一目了然的厨房收纳

厨房的使用者决定了整理、打扫厨房的难度。为了让不擅打扫的男友便于维护厨房的整洁，我特意将洗洁精和洗手液固定在墙上，而不是将其直接放于台面上，水槽内也不放置任何物品。另外，抽屉里用收纳盒分类放置不同餐具，以让人一目了然。

样式简单的和式、洋式餐具各两套，刀具三套。筷子是“豚一和幸”（日本炸猪排连锁店）里的售卖品，十分好用。餐勺、餐叉、餐刀、汤匙均为“无印良品”产品。

两人共处的时光是如此幸福

我们共同生活已有三年。只要和他在一起我就觉得十分快乐，尤其是最近更喜欢两人一起做些什么。前一阵，我们去旅游时参加了陶艺课程。我们都很喜欢做东西，每当作品完成时就很有成就感。另外，我们还会一起栽种植物，一起划船，一起寻找美食，共同珍惜生活中的一切点滴时光。

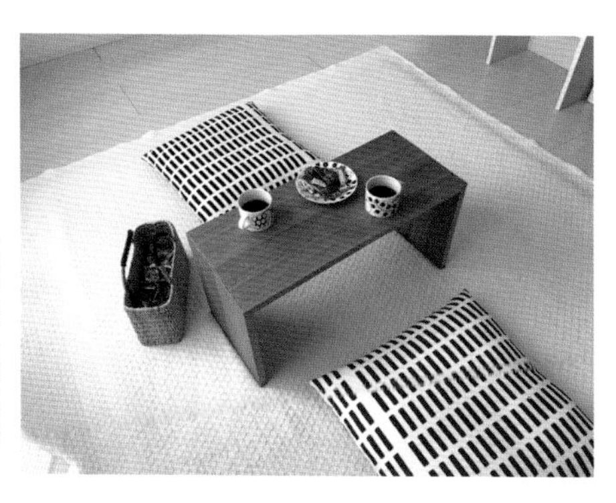

由于男友周六也有工作，我们仅能在周日相聚。每逢这种时候，我们多会在家悠闲度过，闲聊一周来的种种感受。即便出门，我们也会早早地回家，然后提前享用晚餐。

Living Together

CASE 04

尊重彼此性格、乐享各自爱好的自由生活

シンプルライフ
×
シンプルスタイル

DAHLIA ★ / DAHLIA ★丈夫

Instagram / @ dahlia.dahli

我们二人的成长环境和性格完全不同，丈夫总舍不得扔东西，过去我们也曾因此争吵过。一起生活的优势是既尊重彼此爱好，又能互相协作。现在，我们经常感觉自己被时间追着跑，而没机会充分地享受时间，所以想进一步优化家里的活动线及内部设置。

二人关系	夫妇
共同生活时间	约二十年
居住条件	贷款公寓（十一年）
工作	DAHLIA ★：自营 DAHLIA ★丈夫：自营

Q. 家居设计的主导权归谁?

A. 购置大型家具之前需征得丈夫同意

一般而言，我会按照自己的喜好购置家居用品。但购置两人使用的或大型家具时会征求丈夫的意见。虽然丈夫对家具并无什么特殊要求，但既然是一起生活，而且两人又都在家工作，所以想尽量营造一个让彼此都感觉舒适的空间。

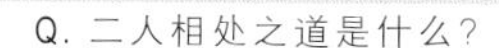

Q. 二人相处之道是什么?

A. 共同解决生活中的难题

如果丈夫感觉物品的放置或使用不便，我会让他立刻说出来。比如，丈夫觉得把保鲜膜装入盒中十分不便，于是我便将其直接放在架子上。这样一来，我也觉得方便很多。

Q. 壁柜的独特性是什么?

A. 减少衣服数量、不放置换季衣物

由于丈夫对服装的兴趣不大且衣物较少，所以都由我统一管理。我习惯将衣物挂入柜中，且只放入可轮换穿着的少量衣物，不放入换季衣物。同时，将可供全年穿着的衣物放入便于拿取的位置。

Q. 如何共度二人时光?

A. 晚餐是二人最感安适的时光

由于我们二人都是自营业主，平时在家中各自的房间工作，真正能对坐聊天的时间只有晚餐时。所以，我们偶尔也会小酌一番，静静享受这难得的悠闲。

我们已在这里居住了十一年。选择这里不仅因为距离车站较近、房间视野较好，还因为凉台比较宽敞，适于栽种植物。由于我们不太喜欢无机质材料，所以有意选择一些质感温润的木质家饰。由此，家中色调不会太暗，同时让各类家饰色调保持协调，并将植物的绿色作为点缀色。

□ 以木质家饰与植物为主的温润风家居

□ 让丈夫按规则自行管理个人物品

之前，我曾因随意处理丈夫的物品而引发了两人的争吵。丈夫不舍丢弃的物品之一是T恤。他每年都会增购T恤，却从不处理旧T恤。为了避免争吵，我决定让他按照自己的喜好管理T恤，前提是不能穿着皱皱巴巴的T恤出门。他不舍丢弃的另一物品是红酒瓶的软木塞。于是，我跟他约定：我不会随意处置木箱里的软木塞，但前提是箱子装满之后就要丢弃多余的。

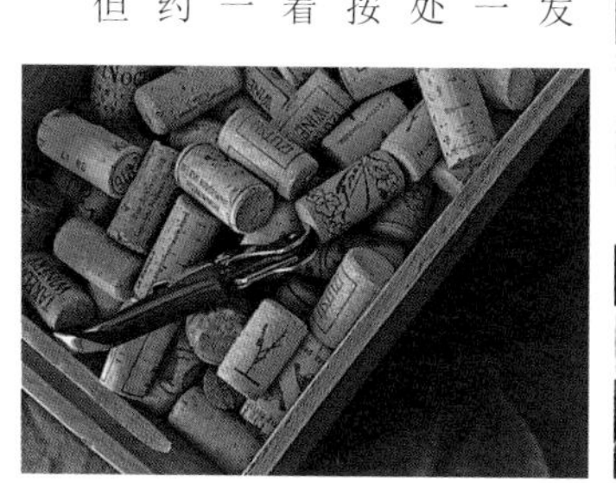

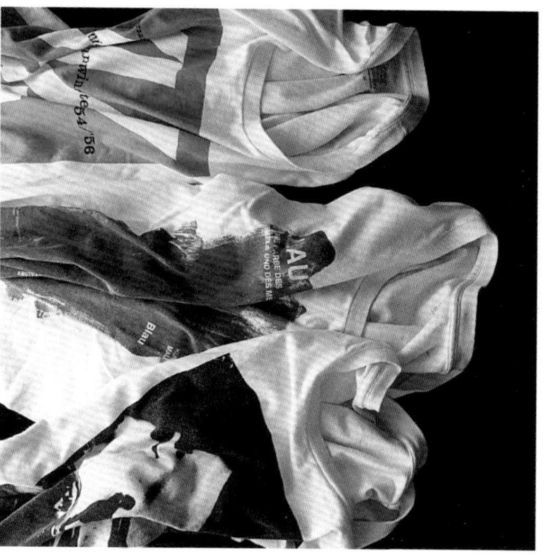

□ 丈夫的任务是收衣服和扔垃圾

丈夫负责的家务是每天早晨将可燃垃圾拿到室外，并在我外出时取回晾干的衣物。顺便提一句，他已经放弃了叠衣物的工作。由于他不擅长收拾整理，所以衣服叠与不叠并无区别。他每次取回衣物只需放入抽屉即可，由此也让他轻松了许多。

□ 笼屉是我家的烹饪主角

我家经常用笼屉蒸蔬菜或热饭。虽然结婚初期也用过微波炉，但用笼屉做出的饭菜明显美味得多。用笼屉做饭不仅健康，溢于其中的竹香更添几分美味。尤其在这段工作忙碌的时期，笼屉还省去了洗刷的烦恼。钟爱美食与美酒的我们平时基本都在家吃饭，不过偶尔也会出去喝点酒。

□ 我们的共同爱好是跑步，还曾参加比赛

我们相识之初并没有什么共同爱好。进入三十岁之后，为达到减肥和锻炼的目的，我们开始跑步。因为我们起初都不喜欢跑步，所以就以跑完之后的小酌作为动力，我们就这样坚持了十多年。我们并没将跑步当作任务，而是乐在其中。

我们会在旅途中一边慢跑一边欣赏风景，偶尔还会参加马拉松。尽管年纪越来越大，但我们想保持好腰腿的状态。

□ 根据丈夫的喜好制作配料

我的爱好是制作应季的配料和调料。每当我想做些什么的时候，就会立即实践。最近，我买了一些多耙银带鲱做成鱼干，还把别人送我的柠檬做成了柠檬醋和柠檬橄榄油。另外，我还喜欢制作味增酱，做了黑豆味增、鹰嘴豆味增等三种酱料。之前我也做过多种配料，不过像藠头、糠床等丈夫不喜欢的配料我就不再做了。

COLUMN 01

Theme

独处时光

non / @2c先生

保留放置收藏品的专用房间

丈夫至今仍十分爱惜他在二十多岁时收集的各类藏品。如果将其放入起居室，不仅难以打扫，那些鲜艳的颜色还会让人觉得心烦意乱，于是我将这些收藏品统统归入单独的藏品房间。同时，我也可以在这里工作。不过，我们计划六十岁之后就处理掉这些收藏品，同时打通起居室与藏品房间，以让空间更宽敞。

Mayumi / Kouki 先生

丈夫的健身器材造型简洁、易于摆放

我们会各自管理自己的兴趣物品，不给对方造成困扰。丈夫喜欢室内五人足球和健身，他也会购置一些健身器材，但大多会选择造型简洁、易于摆放或是可折叠型产品。

tongari / tongari丈夫

用电子书代替纸质书

我们两个都喜欢看书、杂志和漫画。以前，直达天棚的书架上摆满了各种书籍、CD、DVD。现在，我们会尽量选择电子书以节省空间。

共度之日虽然愉快，但也要学会享受独处。那么，我们该如何独处，如何管理个人时间及物品呢？

I / M 先生

将藏书妥善收入储物间

我从学生时代起就收集了大量的漫画和书籍。我不会刻意控制数量，同时会将它们妥善收好。以前我将书架放在起居室，现在则将书架放入储物间，平时关闭拉门。

Naru / Taa 先生

让丈夫自己管理渔具

丈夫的爱好是钓鱼，并持有很多渔具。因为是他的兴趣，我并无特别规定，只是让他放在固定的收纳空间里。由于我对此不干涉，所以收拾、整理均由丈夫自己负责。

Ai / Jyun先生

在丈夫外出时乐于家务

丈夫是一个非常喜欢外出的“户外族”，这可能缘于他长期坐办公室，一旦有机会则更愿意去户外释放自己。而我的工作却经常外出或出差，所以假日里我很喜欢在家打理植物、做手工活或是烹饪汤品。

Kumi / D先生

利用平日集中做家务

丈夫上班期间就是我的独处时间。我会去超市选购晚饭食材，或是打扫家里卫生。如果做完家务之后的时间充裕，我也会品品茶，或是做一些自己喜欢的事。

Living Together
CASE 05

在极具个人风格的翻修公寓中享受宅家生活

pony /pom 先生

Instagram: / @ pomqujack

我们在充分考虑房屋条件及格局的基础上，对房子进行了翻修。翻修后房屋的宜居性、舒适性远超想象。家居用品以北欧的『Vintage』品牌为主，沙发、餐椅及坐卧两用椅均换以相同布面，同时家电和杂货也尽量选二人钟爱之物。

二人关系 /	夫妇
共同生活时间 /	约九年
居住条件 /	分售公寓（十个月）
工作 /	pony（妻子）：事务工作 pom 先生（丈夫）：医疗相关工作

Q. 家居设计的主导权归谁？

A. 融合二人风格的家饰

我家的家居设计并非由一人主导，而是由两人共同完成。因为家是两个人的，购买家具时自不必说，就连购置家电、餐盘、杂货时也会倾听所需一方的想法，然后由两人共同商议。有时，我们会一边喝着酒，一边倾听彼此的心声。

Q. 如何选择家电？

A. 百搭的北欧复古现代风家电是不二之选

即使季节性家电也必须选择具有家饰美感的产品。在确定尺寸、功能的基础上，应使其无论摆在起居室或寝室中，都不失为一件艺术品，这也是家电不同于家具之处。经过我们深思熟虑选购的家电，俨然已成了家庭中的一员。

Q. 不可或缺的居家用品是什么？

A. “Jura”牌意式蒸汽咖啡机带来的非凡享受

我们两个都爱喝拿铁。我们选购的咖啡机为全自动型，可直接磨豆制成意式咖啡。当起居室内飘散着咖啡香气时，会让人备感满足。平时，我们会在咖啡中加入用奶泡器打发的热牛奶。虽然这台咖啡机价格不菲，但考虑到使用频率，也不失为明智之选。

Q. 二人相处之道是什么？

A. 在商定好预算的前提下选择餐馆

逛街与喝咖啡是我们假日的必选节目。因为外出就餐不同于平时，我们会稍微增加些预算。如果是茶点类，预算一般在 1000 ～ 3000 日元；如果是午餐，预算一般在 2000 ～ 5000 日元。总之，我们要吃得感动、吃得尽兴。

05 CASE

我们选定公寓的条件是靠近山手线（日本东京都通勤铁路之一）、建筑年限在二十年以内、安有『Louis Poulsen』照明系统。在找到合意的公寓之后，我们按照自己的想法进行了翻修。为了消除室内空间的杂乱感，我们一开始就决定了家电及各种器材的摆放位置，并且不设明线。房屋的设计与施工均由Hands一级建筑师事务所承办。屋内基础色为白色与灰色，同时根据不同季节选定主题色，并用花卉、杂货点缀其中。

□ 重新装修公寓以使其更宜居住

check!

融合两人设计的装修，让我家成为一个令人不舍外出的宜居之所。

□

根据各自特长分担家务：丈夫做饭、妻子打扫整理

我们会积极地承担自己擅长的家务。丈夫负责做饭，还兼管第二天要带的饭；我负责洗衣、打扫及其他琐碎家务。我会根据花粉症预警级别及天气情况给浴室通风。另外，我还会在周六或周日用『Magic Water』（魔力水）仔细打扫一遍厨房。如果丈夫周末有空，也会跟我一起完成打扫工作。

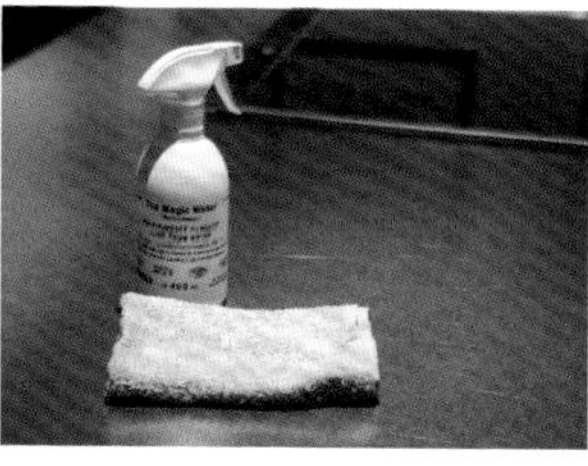

我每天都会给浴室通风，并在周末仔细打扫一遍。此时，我会将漂白剂加入浴盆，然后将浴凳及地漏盖放入其中清洗。平时，我会用橡胶刮刷清除镜子及地面的水渍，然后简单擦拭一下金属部件。

□ 我们时刻做到『用后擦拭、取后放回』

我们二人都严格遵守这两条规则。在整理方面参照『世界第一清扫强国』——德国的做法。用完洗手盆之后，立即用抹布擦拭干净。我们有意识地提醒自己：从开始使用物品的一刻起就启动了整理与打扫工作。

□ 让壁柜周边陈设简单以便于使用

清洗是一项高频率的繁重家务，所以我们尽量简化清洗工作。我们会将晾干的衣物直接带衣架放入大壁柜，而经常穿着的内衣则不叠，直接收好。每次回家后，我们会立即收起鞋，同时取出皮包里的物品，再将其放入固定位置。

check!
窗边咖啡角的设计参考了我们曾去过的一家京都的和式咖啡馆。

□ 旨在家中品尝心仪的咖啡与餐食

我们想将餐厅打造成集咖啡馆、食堂及餐厅功能于一身的多用途空间。其中，位于窗边的咖啡角是我家的『黄金坐席』。这处可见绿荫的咖啡角参考了京都『游形 Saron Do Te』的设计。当初，我们在那里用餐时，仔细研究了店内的可口餐食及优雅氛围，并决定效仿其设计，在家中也设一处咖啡角，就连餐具也是由我们精心挑选的。

我们很喜欢“Minaperhonen”、波佐见烧（源自日本长崎县波佐见町的一种无铅瓷器）的白山陶、“Iittala”以及“Arabia”品牌的餐具。刀具会选择“Cutipol”的GOA系列，而GOLD系列则适用于各种日料及西餐。置于电视柜上的“Arabia”复古绘盘是我们两人出生年的作品。

□ 晚餐多选择高蛋白、低糖的餐食

我们平日用餐以简单健康为主。比如将鱼肉或鸡胸肉、蘑菇、西兰花，用盐、胡椒调味，然后用荷兰锅（Dutch oven）简单烧制即可，同时配以沙拉。我们会选择应季蔬菜，通过简单烹制以保持食材原味。虽然平时晚饭的样式较为固定，但是我们会在周末或旅行时品尝自己喜欢的美味。每到早晨，我家的『果蔬汁吧』就开业了，丈夫用料理机做的果蔬汁可口极了。

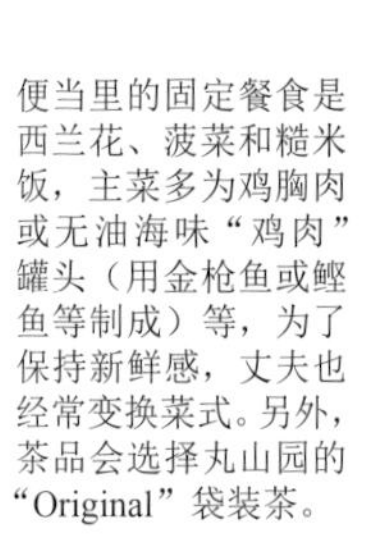

便当里的固定餐食是西兰花、菠菜和糙米饭，主菜多为鸡胸肉或无油海味“鸡肉”罐头（用金枪鱼或鲣鱼等制成）等，为了保持新鲜感，丈夫也经常变换菜式。另外，茶品会选择丸山园的“Original”袋装茶。

放松身心的短途旅行 让彼此的心靠得更近

我们会在一年中观看几次深夜脱口秀表演，结束后在兴奋之余畅谈感受，并步行回家。有时，我们还会在睡前品一杯茶，等情绪平稳之后再休息。每当我们因工作或人际关系而苦恼时，就会来到窗边的咖啡角。尤其在特别的日子里，我们还会在此处享用美好的一餐。另外，我们会在闲时去短途旅行，以求将自己融入大自然之中。对于我们而言，二人生活是如此完美。

丈夫设计的雪人造型摆盘，以及妻子特制的鲑鱼、咸鲑鱼籽杂煮。每当想到对方在圣诞节、新年时为自己精心准备晚餐的样子，就对二人生活感到无限幸福和满足。

我们会在短途旅行时做一些特别安排，比如去当地选购一些家饰、杂货，用以装饰房间。每当我们看着那些小物，一边回忆旧旅程一边畅想新旅程时，都会觉得无比快乐。

Living Together
CASE
06

融合二人感受的宜居之家

ichigo / shingo 先生

Instagram / @pokapokaichigo

二人关系	夫妇
共同生活时间	约九年半
居住条件	独栋房屋（五年半）
工作	ichigo：主妇 + 自由职业（整理收纳顾问） shingo 先生：全职（IT 相关）

我们二人都非常喜欢设计室内装饰与收纳整理。丈夫无法忍受家务过程中的些微繁杂，比起外观更重视事物的合理性。因此，我会经常变换收纳空间与家具配置。这样一来，家里的舒适度能得到不断的提升，也让做家务变得更加轻松。

Q. 收纳特色是什么?

A. 将调制解调器与路由器收入壁柜上层

由于丈夫习惯使用有线局域网，所以各个房间都设置了网线插口。我们将网线埋于墙中，将调制解调器置于壁柜上层。此种设计十分妥当，无需安装线盒，也不影响散热。

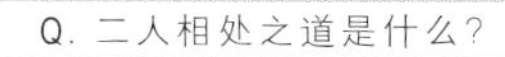

Q. 二人相处之道是什么?

A. 选购餐具时会听取丈夫的意见

我的兴趣是收集各类餐具，不过由于丈夫不喜欢手感粗糙的餐具，所以我会在征得他同意之后再购买。另外，我们还会在连休日去参加其他地方的陶器展。而且，我们决定目的地的方式也很公平，即轮流选择彼此想去的地方。

Q. 不可或缺的家居用品是什么?

A. 置于门旁的柑橘系香薰

开门时的香气决定了家里的第一印象。我家很喜欢“Culti Milano ”及“ARAMARA”品牌的香薰。丈夫比较中意柑橘系，萦绕于门旁的清爽又安神的甜香为我们营造出柔美的氛围。

Q. 如何共度二人时光?

A. 习惯在晚饭后慢品红茶

我们两个都是红茶党，家中常备有三四种“Mlesna Tea”红茶。另外，“Flavor”牌果味茶尤其好喝，其中的夏威夷莓口味是我们的最爱。另外，“Twinings”的橙白毫口感宜人，也很受我们喜爱。

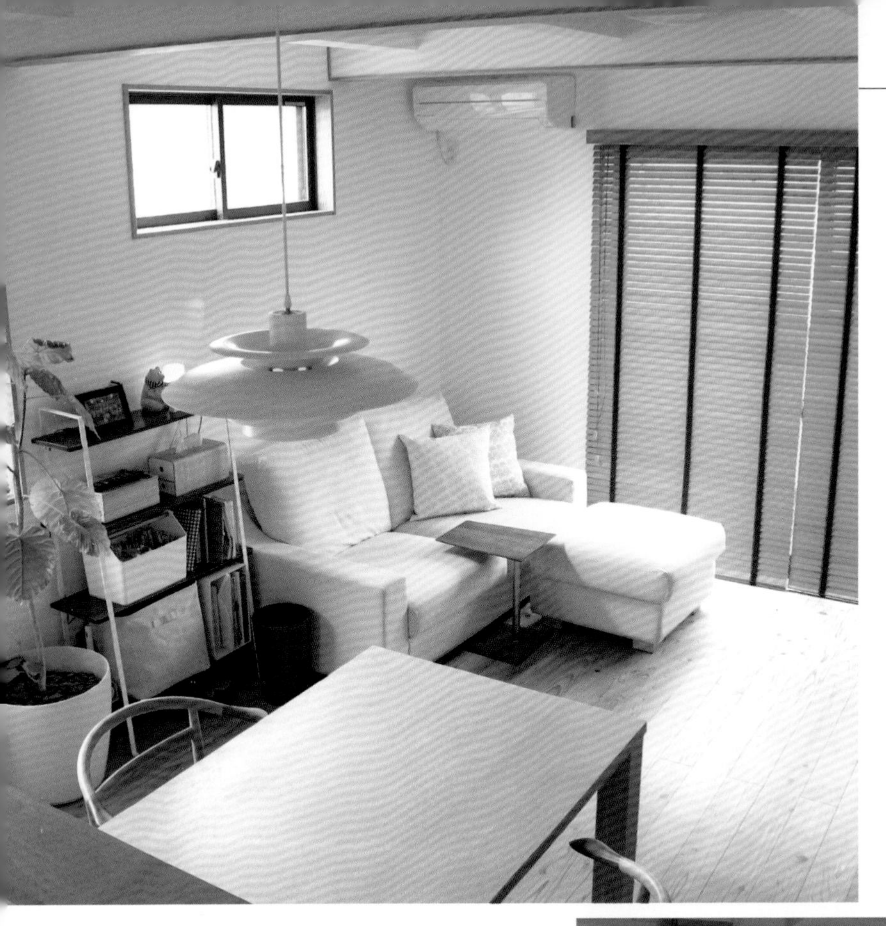

□ 休闲用家具的尺寸、颜色、质感都要尽量考究

由于我们平时喜欢宅在家里，所以十分看重沙发、椅子的舒适度。沙发购于名古屋的『NOYES』（沙发专营店）。丈夫比较看重沙发的质地与舒适度，我则较为看重沙发对颈部的支撑作用，于是我们买下了这组沙发。餐桌和餐椅由『日进木工』依照餐厅空间设计制作而成，另配的两把明绿色餐椅购于冈山的『Eld Interior Products』（主营家具定制、销售以及店面、住宅的设计施工）。

check!
当对方帮忙完成自己力不能及的事情时，自己会自然而然地心怀感激。

家务活基本都由我负责，虽然丈夫在结婚之初不擅家务，不过最近终于能独当一面了。现在，给煤气灶更换换气扇以及清扫空调的高处作业都由丈夫负责。另外，他所擅长的电脑、电气相关安装及解决纠纷等事务也归他负责。我将事情委托给丈夫之后，就由他全权负责，从无怨言。

□ 将高处作业交给丈夫

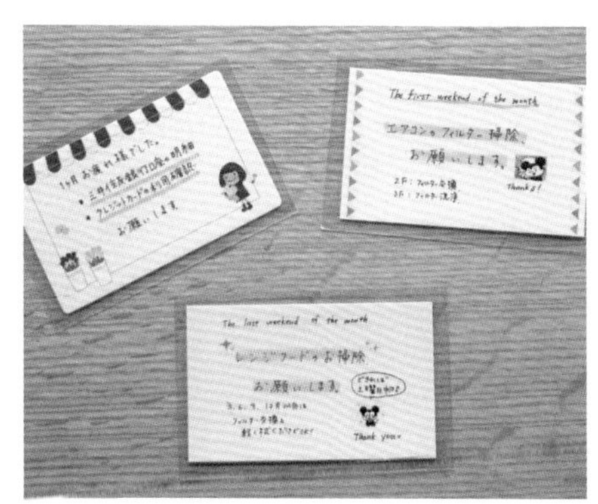

当有家务求助于丈夫时，我会在餐桌上放一张提示卡，上面写着“周末请帮忙打扫”等字样。如此能减少彼此之间的催促和抱怨，着实轻松不少。

□ 厨房收纳设计要保证两人同时使用

每逢周末做饭时，我会在水槽及烹饪台前洗、切食材，丈夫则多会站在炉灶附近。因此，厨房收纳要保证两人同时使用。为了让不擅家务的丈夫更加轻松，我不会将所购保鲜膜单独移出，而是直接带盒使用。另外，我还将厨用刀具的刀柄朝上放置，这也是听取了丈夫的建议。

check!

收纳设计不仅考虑颜色和样式，还会顾及丈夫使用时的便利性。

此前一直使用两种不同样式的长筷。既然丈夫说想买就买，我就配齐了两副同一品牌的同色筷子。

由于做家务的时间有限，所以我们想要那种既有设计感又可用于洗碗机和微波炉的餐具。现在，最受我们喜爱的是具有木头质感的会津漆器的树脂汤碗。

□ 比起外观更重视冰箱的便利性

要让冰箱内物品一目了然。每当我们从超市采购归来时，不是直接将物品放入冰箱，而是先去掉食材包装，并将肉类切成小块。如此处理十分便于丈夫使用，久而久之也就养成了习惯。每逢周末，两人会一同去购物，并且购买很多食材。

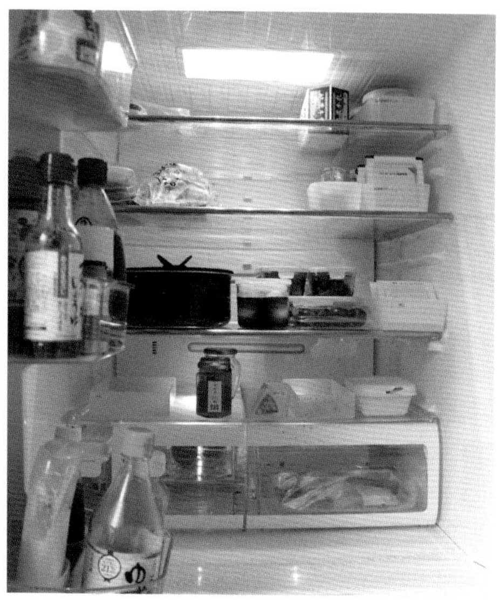

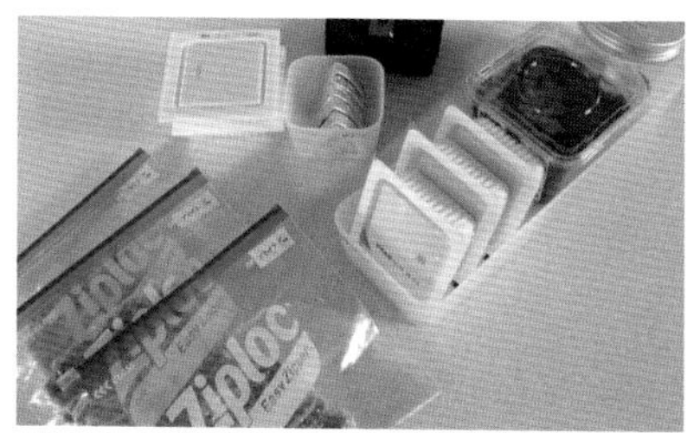

□ 会准备三四种常备菜

每逢周日，我会一次性做好丈夫带饭用的常备菜，一般会准备三四种简单菜品。丈夫非常理解我烹饪新式菜品的难度，所以即使菜式经常重复，他也没有任何怨言。而且，丈夫自己做的常备菜样式也很固定。

外衣用衣架、内衣分类放置以便于拿取

我们平分使用壁柜，将全年穿着的衣物全部用衣架挂起来。丈夫会在周末时自己洗西服衬衫，晾干后直接带衣架收入柜中。另外，我们会将经常穿着的内衣叠放于壁柜最上层抽屉的收纳盒中，以便于随时拿取。每逢换季，只需更换前后收纳盒的位置即可。

置于门旁的印章盒简单又方便

家中印章放在门旁一个久置不用的牙签筒中。最初，印章放在带标签的盒中，跟防晒霜、花饰等摆在一起。现在，这里仅有一个无标签印章盒和驱虫药，让人顿觉清爽。需要用时，仅需几秒钟就可以取出印章。

利用智能手机软件共享日程表

我们使用一款名为『TimeTree』的手机软件管理日常事务。丈夫会在上面提示他的工作安排以及是否回家吃晚餐。由于该软件能自动共享双方信息，无论是共同事务还是单方事务都能及时传达给对方。同时，该软件还具有聊天、上传照片等功能，简单又好用。我们经常在上面分享理想的出行目的地列表以及购物清单。

晚餐后的共处时光惬意又温馨

每次吃完晚餐后，我们会一起收拾整理。我负责刷洗碗筷，丈夫则负责整理厨房。我们还约定，先完成家务的一方负责挑选、冲泡喜爱的红茶。此时，我们会一边品着红茶，一边看电视或闲话家常。周末时，我们一般不做家务，多会选择外出就餐。

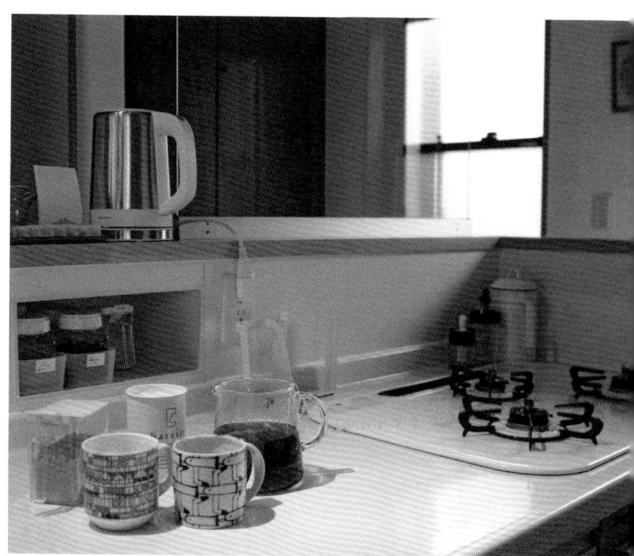

Living Together
CASE
07

让人恋恋不舍的“四口之家”

leaf / leaf丈夫

Instagram ／ @ leaf_asch

为了能在这套定制房屋中住得舒心，我们着实下了不少功夫。现在，我与丈夫，再加上两只爱犬在这里生活。即使生活在同一屋檐下，我们有时也会专注于各自的事情，而不会干涉对方的自由。不过，我们会尽量一起用餐，并珍惜两人共处的时光。

二人关系	夫妇
共同生活时间	约十五年
居住条件	独栋房屋（五年）
工作	leaf：计时工（事务工作） leaf 丈夫：职员（技术工作）

Q. 家居设计的主导权归谁?

A. 妻子负责设计，丈夫负责确认家电功能

家居设计基本由我负责。对于我购置的家居用品，丈夫好像也很满意，于是便将此项事务全权交给了我。丈夫比较重视家电产品的功能性，每当购置家电时，他会事先调查一下家电的功能，再由我们商量决定。

Q. 二人相处之道是什么?

A. 自己管理个人物品、决定收纳方式

家里物品的摆放多由我决定，而且每件物品的位置也相对固定，用时不用费力寻找。对于丈夫的兴趣相关物品以及公司文件等，我会事先决定一处存放位置，然后交由他自己管理。至于物品的存放与处理，也皆由他自己负责。

Q. 不可或缺的家居用品是什么?

A. 一应俱全的咖啡用具

我们都很喜欢手工滴滤咖啡。每逢空闲，就会坐下来静静地享受一杯芳香四溢的咖啡。当我们想郑重其事地泡一杯咖啡时，最喜欢使用手工吹制的“Chemex”牌系列产品。除此之外，我们还特别购置了电动磨豆机、扫沫用的中津刷（日本手工刷）等兼具设计感与实用性的工具。

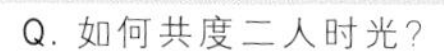

Q. 如何共度二人时光?

A. 与爱犬一起玩耍

我家养着两只狗，我非常珍视跟它们一起玩耍、散步的点滴时光。由于我们两个都不想在周末做家务，只想周末好好休息，所以我会在独自在家时完成家务工作。

以魅力经久不衰的家具作为主体家饰

这栋定制住宅中包含了很多独特设计。我们想让它的魅力保持十年甚至更长时间，所以选择质感温润的木质家具作为主体家饰。我们在购入新品时，会充分确认它与屋内氛围的契合度。尤其在购买沙发这类大型家具时，不仅要考虑其舒适性，还要判断其设计是否经得起时间的考验。于是，我们购置了『Hans.J.Wegner』的『GE290 Vintage』沙发，并尽量使整套沙发的色调保持一致。

□ 做家务时既要利用家电又要彼此分担

在分配家务时，我们会明确划分各自的责任。清洗衣物时，每个人都要将待洗衣物放入指定处，然后由我统一洗涤。清扫工作并无明确规定，因为过分强求会引发争吵，所以我不会做硬性规定。为提高做家务的效率，我们在建房初期就设置了一些益于减负的收纳方式，并购置了洗碗机等家电。

check!

积极购入双方都认可的智能家电。

leaf负责

负责做饭、打扫厨房及其他房间、洗衣、扔垃圾等全部家务，还会在假日时仔细清扫浴室。另外，两人会一起清扫户外沟渠、修剪花木。

leaf丈夫负责

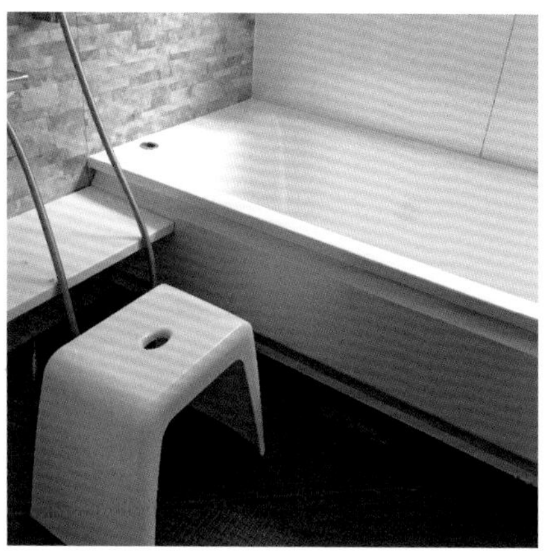

负责平日打扫浴室、洗车以及清扫平时难于清理的窗户及照明设备。同时，还负责管理信用卡消费账目。另外，两人会在假日时一起去购物。

□ 妻子负责平日三餐，丈夫在假日奉上美味意面

平日三餐基本由我负责。不过，丈夫会在假日午餐时做美味的意大利面。他曾说过对研究意面很感兴趣，于是，我悄悄地将名厨的意面食谱放在了咖啡桌上，以便于丈夫熟读。就这样，他的手艺不断长进，现在终于能为我做出美味的意面了。而且，我还应丈夫要求，为他配齐了意面锅、夹子、滤网等各种相关器具。

我们两人都喜爱美食。每当获悉丈夫的回家时间，我都会做好饭等他一起用餐。至于餐具，都由我按照自己的喜好统一购置和管理。

两人合力照顾萌宠

我家里还有两只玩具贵宾犬。平时，我们都是合力完成狗狗的喂食、如厕、梳毛、散步等事务。不过，由于我独自在家的时间较多，所以承担了狗狗的喂食、刷牙、去宠物医院等大部分事务。假日时，我们会带着狗狗一起散步。另外，我们还养成了一种默契，即早起的一方会带狗狗去院子里如厕。

check!

在时间充裕的假日，丈夫悠闲地给狗狗梳毛。

Living Together

CASE 08

二人尽享清风入怀的开放式空间

Kumi / D 先生

Instagram ／ @ qu_miiiiiii

我们搬入这栋由自己构思、设计的定制住宅已有两年。家具、家电都十分称心，屋内整体设计显得非常时尚，毫无杂乱之感。因为我们目前是两口之家，可以尽情享受旅游及美食带来的乐趣。

二人关系	／	夫妇
共同生活时间	／	约三年
居住条件	／	独栋房屋（两年）
工作	／	Kumi：专职主妇 D 先生：制造业事务

Q. 家居设计的独创性是什么?

A. 巧用胡桃木锁定三种主色调

家中家具基本都为胡桃木，同时选定棕色、黑色、绿色为配色。阶梯处点缀着观叶植物，并放置一把高脚凳，而 Holstee 的宣言海报则能巧妙地平衡整体氛围。顺便说一句，这把高脚凳的材质也为胡桃木。

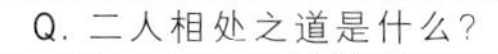

Q. 二人相处之道是什么?

A. 家务活是能者多劳，不会强加于人

由于我是专职主妇，所以承包了大部分家务。我们不会制定什么规则或硬性分配家务，每个人会承担自己擅长的家务，而不会强加于他人，这让我们都觉得很轻松。丈夫在假日时也会帮我做饭、洗衣。

Q. 壁柜的独特性是什么?

A. 根据使用频率划分上、中、下三层

我们将全年穿着的衣物挂在柜中吊杆上，将其他衣物装入收纳箱中。同时，将壁柜划分成上、中、下三层，并将穿着频率较高的衣物放在易于拿取的中层，将各类应季衣物放于上、下两层。如此一来，整个壁柜显得整齐又便于整理。

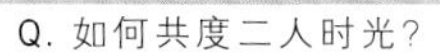

Q. 如何共度二人时光?

A. 尽享旅行、露营的乐趣

由于我们目前是两口之家，所以可以随心所欲地去做自己喜欢的事，比如看电影、品美食、露营、旅行。我们两人的爱好丰富、共同话题也很多，如此生活美哉亦足矣。

起居室是家里的中心部分，我们经常在这里一起看电视或做别的事情，总之这里是利用率最高的空间。我们想给起居室营造一种闲适氛围，所以选择了质感温润的木质家饰。尤其是这里的通风窗，使我们拥有了一个开放式空间。置于房间上部的窗户可以望见晴空，时而射入的温暖光线则让人更觉惬意。顺便提一句，在雨天时我们还经常利用通风窗把手晾衣或晒被。

□ 开放式起居室是两人的休闲佳所

我们选择这里的条件是可以由我们自行设计房间的格局和风格，而且距离车站较近，仅在步行范围内。同时，庭院及房屋周围空间足够宽敞。

便于每日整理的全不锈钢厨房

check!

我们的厨房不仅便于使用，在收纳等细节方面还极具特色。

我们一直对全不锈钢式厨房情有独钟，于是选择了此种设计。这种无机质构造与木质的温润氛围形成了鲜明对比，让人赏心悦目。为了保持厨房的整洁，需在每次使用之后及时整理。比如，擦净水槽内的水渍、用巴氏杀菌液擦拭电磁电饭煲。而且，每月要用去污剂彻底清洗一遍水槽。由于我比较喜欢洗碗，所以家中并未购置洗碗机。

冰箱中用收纳盒分类放置粉类调味料和蛋黄酱等管装调味料。只有充分保证冰箱内物品整洁，才会在烹饪时迅速拿取所需食材。

□ 不做备餐而是每天现吃现做

因为连续吃同样的食物容易让人厌烦，所以我不会做常备菜等备餐。同时，也不会存放那些保质期较长的食物。考虑到健康因素，我每天会做一些营养均衡的餐食。比如，我会从自己擅长的菜品中选择肉类、鱼类、蔬菜、汤品等来烹饪三餐。另外，我还会尽量加入一些应季蔬菜。因为应季蔬菜不仅营养价值高、口感新鲜，价格也很便宜。

check!

多烹饪一些美味又有营养的应季食材。

□ 将食材预算节点设为五天

每次购物之前，我会根据丈夫的工作安排列出五天的食谱及所需食材的清单，如发现食材存量不足，会去超市购买。我将五天的食材预算大致定为5000日元，并时刻提醒自己不要过度超支。

□ 将常用调料放入统一规格的瓶中

为了便于使用，我会将各种调料放入调料瓶中。瓶装不仅比袋装方便，还显得更加规整。另外，我还会将酱油、酒、甜料酒、橙味调和醋、蘸汁等常用调料放入冰箱的门筐里。

□ 将餐具的主题色锁定为三种

如果餐具颜色过多，会显得杂乱无章。不过，我家餐具的材质有木质、玻璃、陶器等多种，根据菜肴选择餐具也不失为一件趣事。无论是待客用的大餐盘，还是咖啡单盘，都是我百用不厌的珍宝。

COLUMN 02

Theme

管理壁柜

Kochi / Taka 先生

横放于壁柜中的“无印良品”收纳箱

用曲别针将标签固定在各个收纳软箱上，然后将衣物放入箱中，简单又方便。同时，将收纳箱横放而非叠放于架子上，如此能随时看清箱中物品，更便于拿取衣物。每当换季时，仅需更换箱中衣物即可。

leaf / leaf丈夫

应季衣物挂于外侧、非应季衣物挂于内侧

将大壁柜划分成不同区域以备两人共用。如果将衣物都放入抽屉中，反而不便于随时使用，所以采用衣架收纳，以让所有衣物都能一目了然。每逢换季时，仅需更换前后衣架的位置即可。

tongari / tongari丈夫

衣品相近的两人可共享服饰

由于我们二人的服饰风格相近，所以能共享很多衣物。尤其是那些可长期穿着的、设计经典的服饰，即便价格稍贵也会入手。极简主义的生活必然催生出服饰的极简化，所以我们不会过度购置衣物。

Naru / Taa先生

用 MAVA 衣架统一管理

为了让壁柜保持整洁，壁柜内放置了衣架及衣物收纳箱。常穿衣物用衣架挂起来，工作用、钓鱼用等休闲类衣物则根据用途分类收起，由此能尽量缩短穿搭所需的时间。

两人一起生活时，服装及各种服饰的数量就变成了单身时的两倍。管理壁柜也有一定之规。在此，我们向多对夫妇讨教了管理壁柜的妙招。

Mayumi / Kouki先生

将衣物分置于卧室与起居室中

我们经常在与洗漱间相连的起居室附近换衣服。卧室里设有壁柜，同时在起居室内也设置了衣用收纳处。我们一般将非应季衣物放在卧室，将应季衣物放在起居室的收纳处。而且，所有衣物都用衣架挂起来，抽屉里放着丈夫的足球运动衫及我叠好的衣物。

pony / pom先生

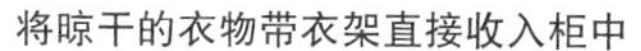

将晾干的衣物带衣架直接收入柜中

为了简化洗衣服、收衣服的过程，我们将晾干的衣物带衣架直接放入壁柜中。由于妻子喜欢收集包包，我一般会将她的包放入固定的收纳区域。

miyu / miyu丈夫

保留常穿衣物，减少换装

我们二人均喜欢选择可供全年穿着的服装，总觉得那些收纳用具及收纳方法会让简单的事情复杂化，所以不会购置这些物件。我们习惯将衣服都挂起来，因其数量有限，无需频繁换装。仅需将常穿衣物并排挂好即可，非常轻松、方便。

Living Together
CASE 09

享受点滴乐趣的伙伴式生活

Mukuri / Mukuri 丈夫

Instagram / @mukuri__365

经过同居时的磕磕绊绊，现在我们两人终于迎来了平稳而幸福的生活。为了脱离当时的困境，我们曾多次畅谈，也做了各种新的尝试。尤为难得的是，两人心中都深植着这样的信念——『我们是同甘共苦的伙伴』。

二人关系 /	夫妇
共同生活时间 /	约两年半
居住条件 /	贷款公寓（两年半）
工作 /	Mukuri：住宅相关 Mukuri 丈夫：住宅相关

Q. 对于住宅的要求是什么？

A. 收纳充足、照明取暖费用便宜、格局合理的 1LDK

由于 LDK（起居室、餐厅、厨房）与卧室距离较近，仅需一台空调就足够。这套 1LDK 住宅的照明取暖费用较低，而且收纳空间充足，令我们非常满意。尤其是这种可边做家务边聊天的“面对面”式厨房，对于我们这种共处时间有限的双职工家庭最适合不过。

Q. 二人相处之道是什么？

A. “两人是同甘共苦的伙伴”的信念已成为共识

我们两人早已达成共识：无论发生什么，我们都是彼此坚定的伙伴。即便偶有争吵，我们也不会伤害对方，而是通过推心置腹的谈话来解决问题。虽然这些都是习以为常的事情，但对我们而言却至关重要。

Q. 整理的诀窍是什么？

A. 将兴趣物品收入彩箱

我的爱好广泛，而丈夫却刚好相反。于是，我将自己的兴趣物品收入吧台下的彩箱中。这三个彩箱中有两个归我使用，一个归丈夫使用。我平时仅关注箱子是否装满，但每当自己要购置物品时，都会受到丈夫的严格监督。

Q. 家居设计的主导权归谁？

A. 将各自的家具巧妙地融合在一起

由于我们结婚前曾同居过一段时间，所以家中家具都是各自单身时的用品。所幸我们对颜色的喜好相近，这些家具恰好能巧妙地融合在一起。至于之后再购置什么，我们会一同商量后再决定。

改变家饰风格以营造新鲜感

在我们正式登记之后，我更换了家居用品及家电，以给家里营造出新婚的氛围。我们将各自单身时代的用品更新为高性能家电及大型家具，以减轻家务负担。另外，我们还做了各种结构板和英文装饰字，让家里显得别具特色。

我们购买家电时会先看评价，然后锁定目标、列出清单、比较性能，然后去实体店询问详情。在对实体店与网店进行比较之后，选择性价比最高的产品。

check!

对于双职工家庭，家务也应共同分担。

疲惫时互相鼓励、共同分担家务

在我们同居初期，时常因家务问题而争吵。当我拖着因工作已疲惫不堪的身体还在硬撑着做家务时，对方却横躺在沙发上不闻不问，着实让人冒火。我意识到不可长此以往下去，于是想了各种方法以提高两人做家务的积极性。现在，我们不会明确分配家务，而是采用能者多劳的方式。当两人都很疲惫时，会合力完成家务。如此不仅能快速做完家务，还能减轻一半负担。

□ Mukuri 和丈夫实践的四条家务规则

RULE

用“家务贴”鼓励丈夫做家务

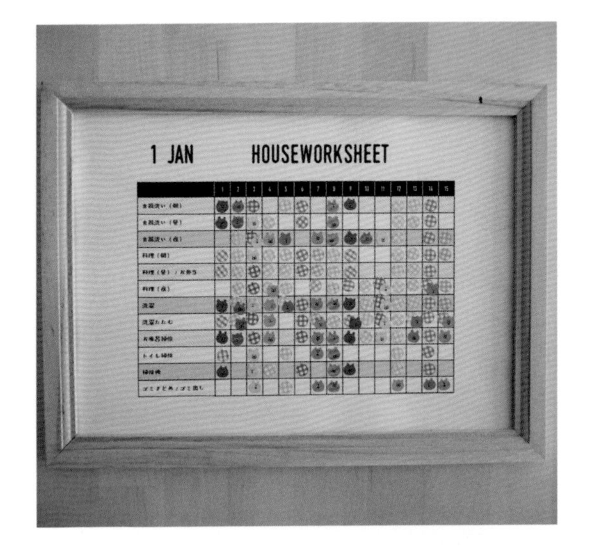

完成一件家务，就会贴上一个『家务贴』，以将个人工作量可视化。最初，我是以这种方式激发自己的干劲儿，没想到丈夫也逐渐参与其中了。他开始主动承担一些家务，甚至还会做饭。小小的『家务贴』不仅让彼此心怀感激，还减少了因家务琐事引发的争吵。

RULE

“料理宾戈”(Cooking Bingo) 乐趣无穷

我们将菜名写在宾戈游戏板上，每完成一道菜就涂去一个菜名，这就是我家的『料理宾戈』游戏。而且，我们还会在完成全部菜品之后给予对方奖励。通过在家务中植入游戏的理念，可将我们在下班回家后对家务的厌烦情绪一扫而空。如果您想增加自家的菜品，不妨一试『料理宾戈』。

RULE

制订配餐表以减少浪费

我们在确定每周的食谱时，会制订一个具体的配餐表。在表格下方记录现有食材的种类及保质期，同时用记号笔标注那些马上就要用完的食材。我们会利用现有食材制订食谱，并用便利贴备注在其名称旁边。此种方法既便于随时掌握冰箱中食材的情况，还利于及时构思菜品。

RULE

始于同居之前的价值观磨合

由于我们的成长环境、生活习惯都不尽相同，所以会仔细商量关于家务的一些事情。我们逐渐认识到，家务不是某一方的责任，而是所有家庭成员的工作。正因为两人的互相协作，才得以顺利地推进家务。

正因为是双职工才更要做好自我管理

我们每个人在吃完饭后都会将碗筷放入水槽，将换洗衣物放入洗衣筐。虽然这些都是微不足道的小事，但也是最低限度的自我管理。如果伴侣连这类事情都做不好，自己必然会身心俱疲。正因为我们是双职工家庭，自我管理就显得尤为重要。

利用独处时间制作手账以充实心灵

每当丈夫去上班时，我就会跟朋友一起喝咖啡或做点自己喜欢的事，不过最不可漏掉的就是制作手账。翻阅每周的手账让我有『温故知新』之感，而书写则利于情绪的释放。所以，对我而言，制作手账是充实内心的良方。

check!

利用多本手账做成具有自我风格的“子弹日记”（bullet journal）。

难得的共处时光是最为安适、惬意的时刻

虽然每天都很忙乱，但我们也会尽可能找一个共同时间一起回家。有时，丈夫会在休息日来公司接我下班。对我们而言，共处的时光是非常珍贵的。如果碰巧赶上两人都休息，我们会一起慢慢品尝美食，或者在晚上调暗灯光欣赏一部电影，如此时刻总让人备感幸福。

用特制账本弹性化管理家庭收支

为了让性格有些懒散的自己能坚持管理家庭收支，我特意制作了一个账本。同时，我还利用APP管理自己的零花钱。正因为有了账本和APP，我才得以有效利用空闲时间管理家庭收支。

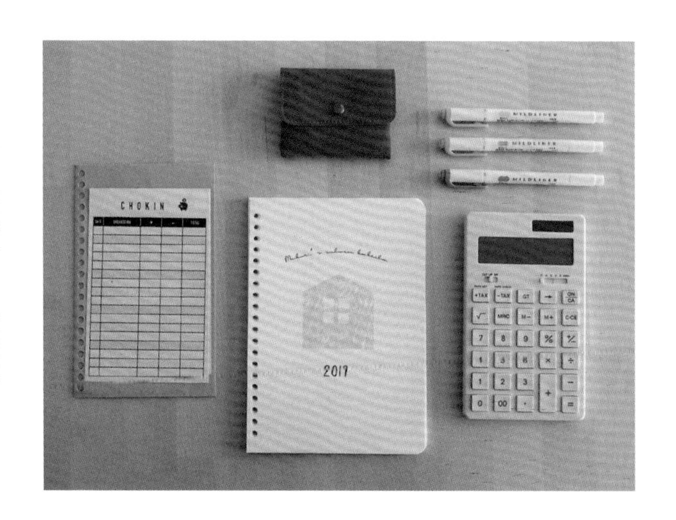

Living Together

CASE 10

子女独立之后的简单生活

miyu / miyu 丈夫

Instagram / @chiisaku_sumau

二人关系 /	夫妇
共同生活时间 /	约二十四年
居住条件 /	分售公寓（七个月）
工作 /	miyu：计时工（每周五次） miyu 丈夫：全职（经营）

由于我们经常调动工作，所以一直租房居住。临近退休，我们意识到需要安定下来了，所以购入了这套二手公寓，并进行了全面装修。目前，孩子已经独立，我们夫妇二人享受着简单、惬意的生活。我们并不擅长整理与收纳，所以家中仅有一些必备物品。

Q. 家居设计的主导权归谁？

A. 相似的趣味使得两人在内装、家饰方面不谋而合

我俩趣味相投，很少在家居设计上出现意见分歧。无论是室内装修还是搬家时的家具选择与格局设置，我们两人都能不谋而合，事情也进展得比较顺利。

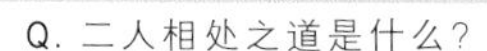

A. 相互信任是最好的规则

由于彼此非常信任，所以我们之间不会制订条条框框的规则。而且，我们也不会干涉对方的交际活动，比如常规的公司聚餐我们会看作是工作内容之一。

Q. 整理的诀窍是什么？

A. 减少冰箱库存以便于管理

因为我不喜欢囤积食材，所以冰箱里显得格外整洁。我每次只会购买当日及次日早餐的食材，而且购买调料时也会根据使用频率而选择包装大小，对于很少用到的调料基本不会购买。由此，也自然就降低了对冰箱体积的要求。

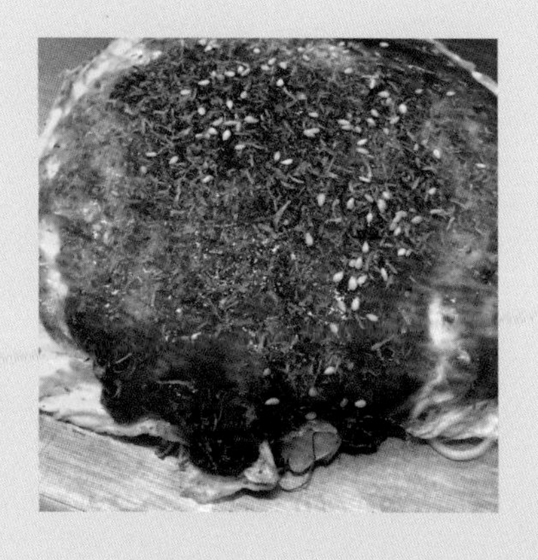

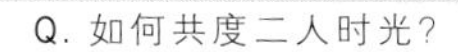

A. 同做家务、共享三餐的平淡幸福

我们很享受在一起做家务、吃饭、聊天的小快乐，也格外珍惜这些平平淡淡的日子。我们很喜欢在家吃饭，很少外出用餐。不过，对于美味的铁板美食——“什锦摊饼”，我们也很乐意到店品尝。

紧凑而毫无狭窄感的1LDK公寓

我们打算购置二手公寓后进行全面装修，所以并不在意房屋的格局及设备，而是比较注重公寓的位置与光照。公寓位置不仅要便于上下班，当我们的年纪越来越大而不得不放弃开车时，周边的商业设施、医院、公共设施等应在徒步到达的范围内。虽然这所公寓的面积不足60m²，但对我们而言已足够。另外，我们在装修时将房屋原有的2LDK格局改为了1LDK格局。

check!

起居室与卧室的“一体化”格局巧妙营造出纵深感而丝毫不觉狭窄。

用透明玻璃门间隔卧室与起居室的1LDK。打开门就变成了单室型住宅。我们在搬家时处理了全部原有收纳家具，现用的床铺等家具均为“无印良品”产品。该品牌家具设计简单、用途广泛，便于随时更新及增购。

□ 除床铺外的其他家具均可自行搬运

考虑到大型家具所占空间较大、易产生压迫感以及地震时可能引发危险，我们家里尽量不留大型家具。我们在装修时定做了收纳架，所以现在除了床之外，其他家具均可用私家车自行搬运，这也是我们选择家具的重要标准。

□ 珍惜已有的俄罗斯套娃

我非常喜欢收集 Peko（日本糖果厂商『不二家』的卡通人物）的俄罗斯套娃。我有很多套娃，由于这些娃娃都是套装的，所以不会占用过多空间。每当看到新套娃时我都会兴奋不已，但是我会提醒自己要珍惜已有的娃娃，不再购置新品。丈夫没有收集东西的癖好，只是偶尔去旧书店买买书，不过看后会随即卖掉。

□ 不会刻意安排家务，用扫地机器人更加便利

对于我们而言，有时间的一方会主动承担家务，所以我做家务的时间较多。虽然我也很爱干净，但我却不喜欢打扫，所以将扫地的任务交给了扫地机器人『RULO』。由于家里东西不多，地板上几乎未放置什么物品，所以也省去了扫地前的清理工作。另外，当洗衣机洗完衣物时，我们会一起将衣物晾起来。丈夫会自己熨烫西服、衬衫，而我则很少穿那些需要熨烫的衣物。

□ 为了保持健康会在假日同去健身房

如果假日没有特殊安排，我们会一起去健身房。即便两人不在一起行动时，也会各自去听健身课程或者做身体训练。我在独处时喜欢进行体育锻炼。另外，每年我们都会参加几次当日往返巴士游，还会去观看体育比赛，这些都是我俩最喜欢的事。

check!

为了健康，我们在购买健身所需的服装及装备时不会吝惜金钱。

□ 打算在退休后就停止邮寄贺年卡

随着丈夫临近退休，我们也在筹划今后的生活，于是搬了家，重新装修了房子。最近，我们经常谈到停止邮寄贺年卡及准备身后事的话题。虽然我家暂时还不会停止邮寄贺年卡，但我们打算在丈夫退休那年最后一次用贺年卡为亲朋送上问候并就此终结这项行为。

注：新年伊始，通过邮寄贺年卡互送问候是日本新年传统文化的重要组成之一。

Living Together

CASE 11

尊重彼此价值观的乐享生活

我不喜欢家中留存过多物品，而丈夫则喜欢收集物品。即便如此，我们也不会将自己的价值观强加给对方，而是追求一种珍视双方共同点的愉悦生活。我们不会把精力都放在工作、赚钱上，而是更重视私人生活，因此十分享受在家的日子。

non / @2c 先生

Instagram ／ @ie_memo

二人关系 ／	夫妇
共同生活时间 ／	约二十五年
居住条件 ／	分售公寓（八年）
工作 ／	non：全职＋自由职业（收纳整理顾问） @2c 先生：全职

Q. 家居设计的独创性是什么？

A. 用木质照明设备营造舒缓氛围

我会初步选定家居用品，然后跟丈夫商量之后再购入。在选择照明设备时，我比较倾向于有木质装饰的产品。最近，我发现暖色的照明宜于营造舒缓氛围。目前，我正在考虑是否在起居室内安装座灯。

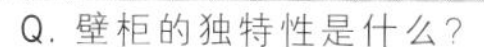

Q. 壁柜的独特性是什么？

A. 两人均分使用、将贴身衣物放入洗漱台下方

我们一般将衣物放入卧室的壁柜、衣箱或挂在衣架上。无论何种收纳方式，我们都会将其均分为丈夫使用的左部空间和我使用的右部空间。同时，为了免去洗澡前准备换洗衣物的麻烦，我们还将贴身衣物放在洗漱台下方的抽屉里。

Q. 不可或缺的家居用品是什么？

A. 规格统一的“无印良品”家具是我们的最爱

我们根据家里的门窗及墙面颜色来选择家具。虽然在购买时考虑了多种家具，但最终还是选择了“无印良品”。家里的矮桌、沙发、卧榻、薄型架、卧室用衣箱、板架及桌子均为该品牌产品。

Q. 如何共度二人时光？

A. 享受悠闲的茶点时光

由于我们的休息时间吻合，所以共处的机会也相对较多。对于我们而言，最为享受的就是晚餐后的咖啡以及假日里的茶点。哪怕我们吃的是超市的大众货或100日元的甜甜圈，只要两人一起就觉得无比幸福。

用白色和木色两种主题色营造简约、温暖的氛围

家具用品决定了室内空间的主题色，我们家的主题色为白色与木色。就木色而言，我们选择了符合整体色调的桦木色及栎木色。如果能保持家具用品的色调和材质统一，整个房间也会显得格外清爽。我们在选购家电时，不仅重视设计，更偏爱功能简单的产品。对于那些功能过于复杂、维护程序烦琐、不易于打理的产品，我们基本不会选择。

check!

一旦决定购置家具，丈夫就负责查询性价比最高的店铺。

选择家具的重要标准之一就是家具下方及背面是否易于打扫。在我家，像沙发旁的薄型架等这类可伸入吸尘器头的带腿型家具较多。

要让每个人都能独立承担全部家务

我们之间并未制订分配家务的规则，只是根据个人的特长、体力和时间自愿承担家务。如果我们中的任何一方能独立承担全部家务，即便出现变故，另一方也能沉着应对。为了便于丈夫参与其中，我特意对家务的具体内容进行了规划。

我主要负责调整及整理收纳。我会将常用物品放在便于拿取的位置，同时给每个收纳盒贴上标签，通过使用透明收纳盒及半层收纳盒以随时掌握物品存量。如此一来，丈夫也能顺利地从事家务劳动。

两人的收纳规则

RULE ① 只存放空间内允许的物品数量

RULE ② 将常用物品放在便于拿取的位置

RULE ③ 收纳盒内的物品要一目了然

RULE ④ 物品的放置应便于拿取

RULE ⑤ 不在收纳用品上耗费过多金钱

RULE ⑥ 每日必用物品可不放入收纳盒

平时我们会在下班后，用LINE商量决定食谱。一般我们会首先考虑冰箱里的现有食材，如果存量不足会随时增购。我们每两三天买一次东西，有时两人会在下班途中去家附近的超市一起购买食材。由于家中只有我们两人，所以在购物时会控制好数量。

□ 用 LINE 沟通商量每日食谱

“用尽再买”是我们购买食品的基本原则。另外，我们会选择小包装的调料。虽然相对大包装而言，小包装的价格稍贵，但我们觉得小包装不仅便于放入冰箱储存，还能在保鲜期内用完。

有时老家会给我们邮寄瓜果蔬菜。由于我家的冰箱、冷柜内空间充足，无论何时，无论多大个头的果蔬，哪怕是整个西瓜，我们都有地方放置。我们可是来者不拒呦！

互补弱项、共享喜怒哀乐

正因为身边有这个同甘共苦的人，使得喜悦与快乐增加了一倍，痛苦与哀愁减少了一半，而怒气与抱怨则时而增加时而减半。对此，我一直心怀感激。我们二人选择工作的标准不是挣钱多少，而是占用时间的多少。我们平时会准点下班回家，每逢节假日在一起的时间也较多。当然，我们也很重视个人空间，各自享受自己喜欢的事。

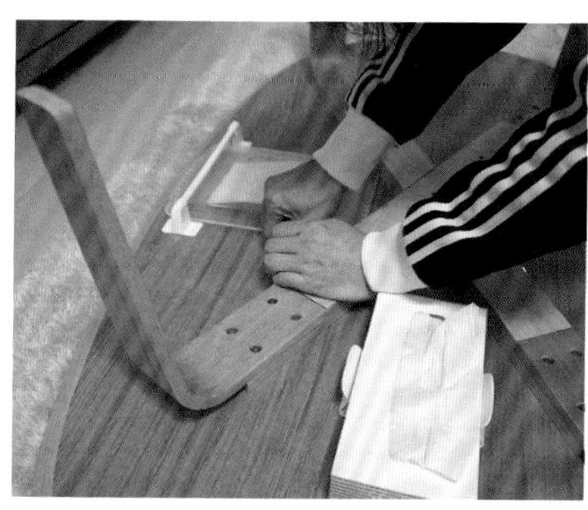

当我们一起设计家饰，一起清洁房间、保养家具，一起做饭时，都感到由衷的快乐。丈夫也会为我做饭，尤其是他做的饺子比我做的还要好吃。

Living Together

CASE 12

共享晚餐、彼此倾诉的轻松生活

Mayumi / Kouki 先生

Instagram / @miyo_344 @miyo_344d

二人关系	夫妇
共同生活时间	约八年
居住条件	贷款公寓（三年）
工作	Mayumi：计时工（每周四次）及自营（不定期） Kouki 先生：自营

我们不会依赖对方，而是充分享受二人生活。无论我们中的一个回家多晚，另一个也会等着一起吃晚饭。一边做饭、吃饭，一边谈论当日见闻，这是我们最为珍视的时间。当拖着疲惫的身体回家时，身边能有一个倾诉对象，着实让人感到很放松。

Q. 整理的诀窍是什么？

A. 根据收纳需要购置家具

如果两人对于家具、收纳的意见不同，会影响将来的使用，所以我们会在购置前进行模拟比较。例如厨房的彩箱餐具架，我们不仅绘制了待收纳物品的草稿，还充分考虑了隔板的位置、个数，以及如何设置更便于使用。

Q. 如何共度假日？

A. 必去商业街购物

每逢假日，我们就会驱车前往附近的商业街。具体日程安排是先看服饰、杂货、图书等，最后去Kaldi（食品专卖店）逛一下。由于Kaldi售有普通超市没有的珍奇糕点及调料，少量购买几种便觉心满意足。

Q. 壁柜的独特性是什么？

A. 丈夫和我会使用不同的衣架

因为丈夫喜欢将T恤衫挂起来，所以非常爱用表面光滑、钩柄长度固定的衣架。而我则有较多大领口的衣服，所以会选择表面不光滑的衣架。于是，我们根据各自需求，选择便于收纳自己衣物的衣架。

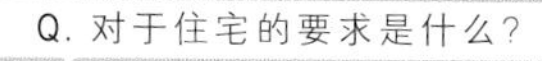

Q. 对于住宅的要求是什么？

A. 光照优越的紧凑型 1LDK

因为是二人生活，不需要过多房间，于是我们在购房时锁定了1LDK。由于以前住的房子光照很差，屋内的潮湿与昏暗让我们苦恼不已，所以这次购房格外看重光照条件。我们曾参观过这套新建公寓的施工过程，一直对它情有独钟。

这套公寓是使用面积为43m²的紧凑型户型，为此我们想了各种方法以使其看起来不会显得过于狭窄。比如，我们会选择外观没有压迫感的家具以及造型简单的收纳器具。同时，在放置家具时也颇花了一些心思。在入住前，我们就觉得『无印良品』家具与屋内氛围较为吻合，所以现在家中的家具几乎都为该品牌产品。另外，我们会在固定位置点缀少量杂货，并摆放一些绿叶植物和花卉，为屋内增添华美之感。

□ 选择无压迫感的家具，让房间不显狭小

check!

家具几乎都为造型简约的“无印良品”产品。

有人分担家务是二人生活的一大优势

我每周去做四次计时工，而丈夫则在傍晚下班回家，所以我们不会将家务推给一方，而是二人合力完成。有人分担家务，会让心情轻松不少。我很喜欢设计收纳与整理方法，但不擅于清扫。如今我养成了一种习惯，即当某处灰尘积累到一定程度时，我会抽出一天时间对其进行彻底打扫。

□ 我做饭，丈夫帮我洗碗

我负责家里的一日三餐，丈夫则负责洗碗，而且他会随时帮我洗碗，着实让我轻松不少。假日时，丈夫也会偶尔做顿晚餐，而我则负责洗碗。另外，购买食材也是我的工作。在平日及假日，我会一次性购买三四天的分量；而在周末时则会购买三天的分量。而且，我会根据每周的食谱记下所需食材，然后去购买，以减少浪费。

□ 平日晚餐力求简单，一汤一菜足矣

我每周有四次计时工工作，其中两天为全日工，回家时已是晚上九点，此时我会做一些简单的饭菜。主要是以日料为主的一汤一菜，即一个菜、米饭，再加上味增汤。为了保持鱼与肉的摄入量均衡，我尽量做到前半周吃鱼、后半周吃肉。虽然我也希望菜品数量丰富一些，但还是觉得平时吃得简单些好，就把大饱口福的机会留给庆祝日或者偶尔犒劳自己的时候吧。

check!

我会在汤品中放入大量摄入量容易不足的蔬菜。

有时，我们会看烹饪节目或烹饪书籍来决定菜品。如果某天因工作太累实在不想做饭，也会选择袋装速食。

COLUMN 03

Theme **防灾物品**

Kumi / D先生

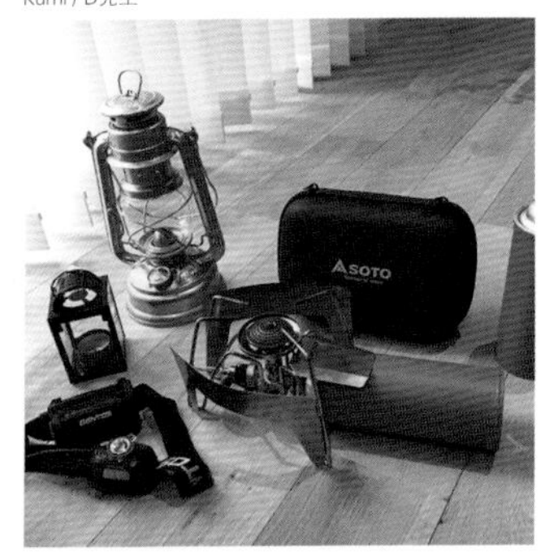

心爱的户外用具也能用于防灾

我们在露营时所用工具的性能极佳，所以能在紧急时刻发挥重要作用。这些工具大多小巧、轻便，可放入背包中携带。我们备有提灯、头灯、便携式煤气灶及冰盒等。

saori / koro先生

将太阳能灯置于床头

由于我们平时将日用品的数量压缩为最低限度，所以备有很多用于应对灾害的物品。我们会将太阳能灯置于卧室床头，同时选择几种口味习惯的食品，并准备出三天的分量。

miyu / miyu丈夫

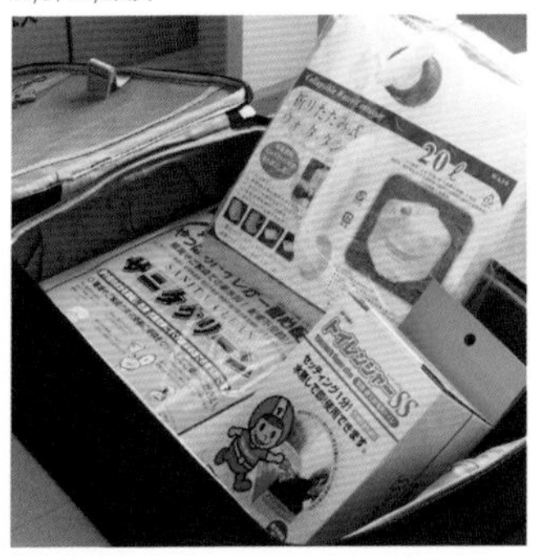

将备品集中放入手提箱并准备大量饮用水

我们除了准备避难用背包外，还准备了一个平时很少使用的手提箱，其中装有简易马桶及折叠式塑料桶。同时，我们还准备了二十四瓶保质期为五年的2L装饮用水。家里的收纳器具几乎都为固定安装，电视机也固定在墙上。

Shiori / Shiori丈夫

用“滚动库存”方式保存食品以杜绝浪费

自从经历过东日本大地震之后，家里经常备有防灾物品。卧室的壁柜里放有头盔和防灾背包。同时，我们还采取让食品不断循环的“滚动库存”方式来保存食品。另外，我们还时刻注意防止家中便携式液化罐的库存短缺。

在当今生活中，为防万一的准备必不可少。在此，我们整理了几条用于紧急时刻的防灾要招，包括所需物品、共同决策、防灾意识等。

Kochi / Taka先生

将防灾备品集中收入结实的收纳箱中，并准备少量现金

我们将防灾袋与防灾套装集中收入质地结实的“无印良品”塑料收纳箱中。自从新房建好以后，我们认真思考了防灾对策，并重新检查了防灾备品。因为我们已经约定好灾害发生时的集合场所，所以深感安心。另外，我们还听说很多人在灾害发生时没有零钱购买食品，所以还备有一些零钱。

Mayumi / Kouki先生

根据应急食品的保质期分批购入

随着人们的防灾意识逐步提高，我也考取了“防灾储备收纳二级规划师”资格。如果一次性购买大量应急食品，那么这些食品就会同时过期，所以我们会分批、逐次购买。为了明确应急食品的口味，我们还曾亲自品尝。

DAHLIA★ / DAHLIA★丈夫

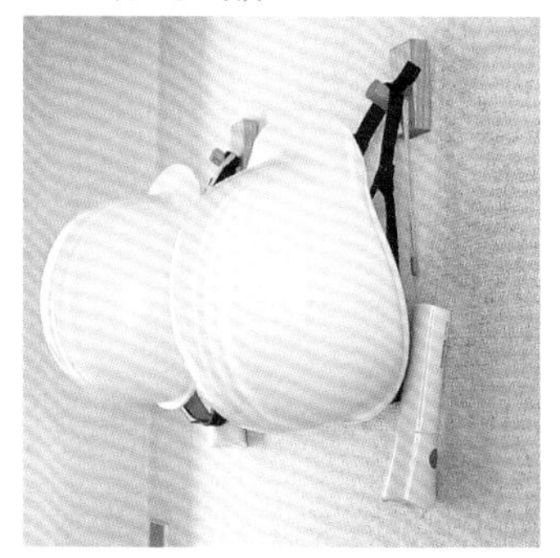

将头盔、背包等物置于门旁

每当有大卡车经过时，我家房屋都会剧烈摇晃。我们平时会将头盔与应急背包置于门旁，为在意外发生时能迅速出逃。同时，我们还储存了一周所需的食品及饮用水，以备在灾害发生时能有所保障。

Living Together
CASE 13

家具风格一致，身边有人共享三餐

Kochi / Taka 先生

Instagram / @koko_ie

由于房屋的风格较为淳朴、自然，所以我们购置家具时也尽量选择纯天然的同色系实木家具，以保持整体风格一致。两人共同生活以后，最需要付出精力的事情就是做饭。一个人吃饭时一般简单敷衍，如果身边有人一同吃饭，就要花心思去做。

二人关系	/	夫妇
共同生活时间	/	约三年半
居住条件	/	独栋房屋（一年）
工作	/	Kochi：计时工（每周三次） Taka 先生：全职

Q. 选购家电的要求是什么?

A. 外观设计简约、与壁纸色调相协调

由于大型家电太具家用感，所以我们会根据壁纸颜色来选择家电。如果家电外观颜色能融入背景之中，就不会显得太过突兀。我们不会选择那些外观漂亮、极具设计感的产品，而是选择简约、低调的产品。

Q. 二人相处之道是什么?

A. 用 APP 共享日程表

我们使用的是“Time Tree”这款智能手机软件。我们不仅用此软件共享假日加班、工作相关事宜，还包括参加酒会、跟朋友游玩等各种日程安排。有了这款软件，我们不再担心购买食材时会买过量，同时也便于各项计划的顺利进行，生活也因此而变得更加高效。

Q. 不可或缺的家居用品是什么?

A. 购于旅游地的精美餐盘是两人的珍宝

每当我们去旅游时，总会带回一些自己喜欢的盘子。其中包括以石垣海为设计理念而创作的“冲绳盘”，以及颇具日本风情的金泽九谷烧“豆盘”。根据不同菜品选用不同餐盘，会让用餐更具乐趣。

Q. 整理的诀窍是什么?

A. 安装高度可调的活动式收纳架

我们一直谨记要保持家里可见式收纳与隐蔽式收纳的平衡。另外，家里还安装了活动式收纳架。由于此架能随时调整高度，所以能充分利用空间放置各种物品。这种架子非常适于我们的生活方式，也改变了我对于收纳的认识不足。

□ 用印花布和小物件调节屋内氛围

我们选择房屋户型时，应考虑到即使将来人口增加也要便于居住。屋内简单饰以小物件，同时搭配样式简约的印花布。在选购能左右屋内氛围的大型家具、家电时，也选择外观简约的产品，以营造舒缓氛围。除了用各种小物件、干花增添季节美感之外，还会经常更换不同图案的印花布，以让现有空间更具新意。

我们一般在早上洗、晾衣物。丈夫不擅长叠衣物，所以会主动帮我晾晒衣物，而我则自然而然地承担了叠衣物的工作。

Check!

繁忙时我们会多为对方考虑。

□ 分担家务时做到优势互补

我会请丈夫承担一些不至于让他叫苦不迭的家务，比如洗餐盘、简单地整理厨房、打扫浴室、晾晒衣物、扔垃圾、拔草等。其余家务均由我承担。如果可以，我希望丈夫能一直帮我干这些活儿，因为就家务而言，互相协助是非常重要的。我觉得通过两人的优势互补，能充分减轻家务负担。

比起一人用餐，两人共享餐食更加美味

自从两人一起生活之后，我在做饭上也投入了更多精力。比起一个人吃饭，两人共享的餐食绝对更加美味。由于早、午饭不全是营养均衡的食物，所以我会让晚餐食谱更加健康。我尽量不做盖浇饭，而是增加蔬菜量，同时让肉类、鱼类交替出现在餐桌上。

我尽量保证食谱中的主菜、配菜俱全。由于两人均喜欢日料，所以食谱多为和式菜系。我习惯用砂锅做米饭，即便米饭凉了，饭粒仍很饱满，非常好吃。

□

多做些晚饭以备次日带饭

Check!

即使便当有些偷工减料，丈夫也毫无怨言，对此我深表感激！

我负责准备便当，饭盒里装的是用砂锅做的米饭。由于带饭是每天的工作，为了不增加家务负担，我会利用前日晚餐剩余的饭菜带饭或简单做个盖浇饭。当然，太累时也会选择冷冻食品。

我家餐具为“Cutipol”的GOA系列，这是搬新家时姐姐和姐夫送我们的礼物。这套餐具让餐桌增色不少，是我们十分钟爱的用品。

Living Together
CASE 14

拥有温柔伴侣的幸福生活

naru._u

Naru / Taa 先生

Instagram / @naru._.u

我与年龄比我小的丈夫相处和睦。身边有如此温柔的伴侣，每一天都让我备感幸福。我们十分看重家居用品的舒适性与便利性。我们尽量不将物品置于地板上，而是将常用的物品挂起来或靠边收起，以保持屋内的整洁氛围。

二人关系	夫妇
共同生活时间	约四年
居住条件	贷款公寓（两年）
工作	Naru：职员 Taa 先生：公务员

Q. 家居设计的独创性是什么?

A. 小到座钟的选择也需两人共同商定

虽然丈夫对家饰没有过多要求，但考虑到家中物品需得两人都喜欢，所以我在购置之前都会征求丈夫的意见。即使小到座钟这类物品，我也会事先询问丈夫的喜好然后再购买。不过，厨房内的物品全部由我决定。

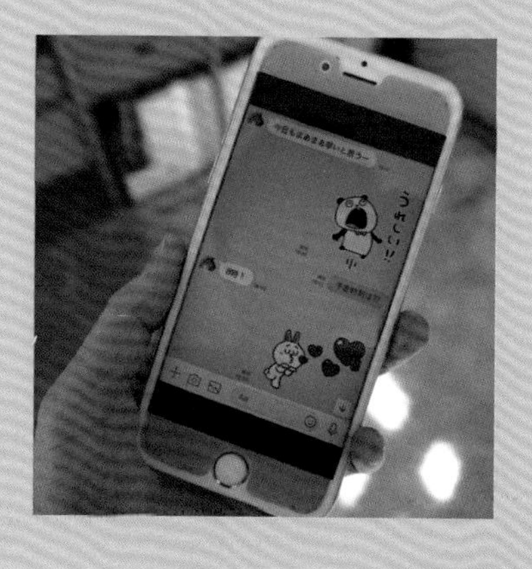

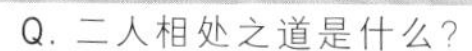

Q. 二人相处之道是什么?

A. 用 LINE 通知对方是否回家吃晚饭及回家时间

我们之间并不存在什么规则，唯一需要对方及时告知的就是是否回家吃晚饭。于是，我们会通过 LINE 告知对方当日是否回家吃晚饭以及大概的回家时间。由于丈夫经常加班，平时回家也很晚，所以我会请他在晚上 6 点之前通知我。

Q. 不可或缺的家居用品是什么?

A. 严选的餐具与玻璃器皿

我非常喜欢与丈夫一同去窑户。因为自己一不留神就会购买太多产品，所以告诫自己只买“Marimekko”“Holmegaard”、白山陶器、“Maruhiro”等真正喜欢的品牌。“ARABIA”的“Paratiisi”餐具是丈夫在白色情人节时送我的礼物。

Q. 如何共度二人时光?

A. 上班前一小时是宝贵的沟通时间

从早晨起床到丈夫 8 点出门之间有一小时的时间。我们会充分利用这段时间进行交流。由于丈夫平时经常加班，回家也很晚，我们在晚上几乎没什么说话的机会。不过，我们会在就寝之前讲讲当日的见闻。

□ 最为钟意的是可供两人使用的宽敞起居室

选购大型家具时会选择无压迫感的矮型家具，同时让家具颜色一致，以营造清爽氛围。我们选择家具的色调为浅褐色、棕色、栎木色等自然色系。

我们在家时喜欢两人呆在一起，所以选择了起居室较为宽敞的2LDK户型。我们非常喜欢现在光照条件优越的室内环境。选择家居用品的前提是要让丈夫觉得舒适，通过设置各种家具以营造一个让人充分放松的空间。因为是贷款公寓，考虑到以后有可能搬家，所以会选择一些多功能家具。

我们两人在平日里很难在一起用餐。丈夫回家时间较晚，所以我在准备食谱时有意识地提高蔬菜的占比。我会将蔬菜提前洗净、切好以备用。而我们在假日里会喝点酒，所以我会准备一些适于下酒的菜品。丈夫不在家时，我多在厨房忙活。我希望厨房在保持清爽、干净的同时，还能更加便捷，力求在厨房实现常用物品的瞬时拿取。

Chcek!

我会集中备好常用蔬菜以尽快烹饪并端上桌。

□ 考虑到丈夫回家较晚，晚餐多以蔬菜为主

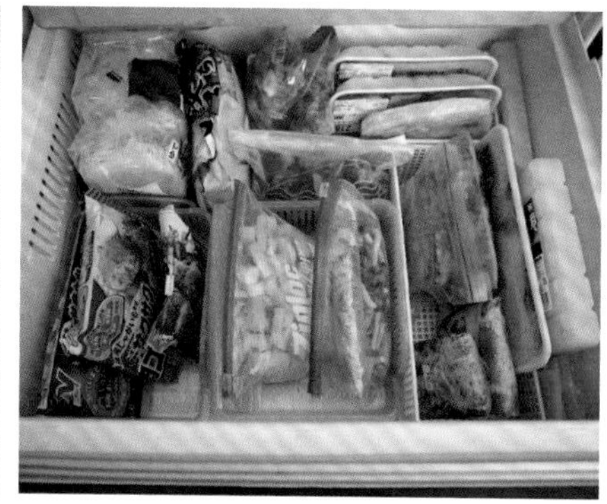

为了使冰箱内留有一定空间，我会提前预留出当日食材所需的空间。同时，将腌制的肉类、带饭用备菜以及提前处理的蔬菜等装入封口袋内，放入冰箱冷冻层。

巧用备菜准备两人每天的便当

我每天早晨的起床时间会稍早于丈夫，因为我要准备两人带的饭。比起外观，我更重视便当的『内涵』，我会多带一些富含能量的蛋白质类食物，口味也比平时重一些。我尽可能用自家烹饪的饭菜准备便当。像金平牛蒡、拌焯青菜这类小菜，我会提前做好并分装成小份，然后冷冻保存。每周我会和丈夫一起去超市集中采购一次食材。

Check!

深受我俩喜爱的饭盒是秋田大馆工艺社的圆饭盒。

便捷的悬挂式收纳，随时打扫洗漱台

为了让清扫更省事，我们在浴室内只放置最低限度的物品。因为我们不喜欢浴室内有水气，所以拆除了原有浴架，并将所有物品都悬挂起来，以防止溅上水。每个人洗完澡之后都会用橡胶挂刷打扫四壁，然后进行三小时的强通风。次日早晨我会清洗浴盆，每两至三个月，由丈夫仔细清洗一次浴盆。另外，我会在洗涤前用毛巾大致擦拭一下洗漱台。

Living Together
CASE
15

互道问候的小满足

tongari /
tongari丈夫

Instagram / @tongarihouse

二人关系	/	夫妇
共同生活时间	/	约十二年
居住条件	/	独栋房屋（三年）
工作	/	tongari：不定期（美容师） tongari丈夫：公司经营兼工程师

每一句不经意的问候，身边总会有人呼应。每逢此刻，我都由衷地感到二人生活真好！我最喜欢早晚开车去车站接送丈夫，虽然这段时间不过十五分钟左右，但身边有人能让我道一声『路上小心』『你回来啦』，这对我而言是最为重要的。

Q. 家居设计的主导权归谁?

A. 兴趣、爱好几乎相同的两人极为默契

我与丈夫在家饰上的喜好几乎一致。最初，丈夫很喜欢家居设计，所以主导权归他。之后，我在丈夫的影响下，也逐渐对此产生了兴趣，现在大部分事情都由我做主。不过，由于我家所购家居用品多由丈夫买单，所以最后还得他拍板。

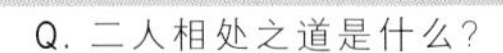

Q. 二人相处之道是什么?

A. 享受共处也珍视独处

我们之间并无特别规则，只是有意保持着一种恰到好处的距离感。虽然我们共同的朋友很多，但我们不会以夫妇身份过度介入彼此的朋友圈，我们不仅会制造共处的机会，还会制造一些独处的机会。另外，还有最重要的一点就是不过分干涉对方的生活。

Q. 不可或缺的家居用品是什么?

A. "Balmuda"厨用家电扩宽了烹饪领域

其实，我们没有微波烤炉的生活曾长达六年。自从购入"Balmuda"品牌的厨用家电之后，烹饪的菜式也大大增多。因为我们很喜欢吃面包，所以同品牌的蒸汽面包机也深受我们喜爱。

Q. 如何共度二人时光?

A. 享受惬意的撸猫时光

由于丈夫是周末休息而我是平日休息，两人很难凑在一起，所以我们倍加珍惜双方都在家的时间。我家的猫咪是重要的家庭成员，每当我俩谈话或者做什么的时候，它总会钻到我们中间，堪称家里的"核心成员"。

家饰主题为胡桃木、哑光黑、不锈钢

我们两人价值观相近，所以选择了现在这所房子。为了让家饰的外观、材质、颜色等一致，我们在家居设计时制订了规则，即主题为胡桃木、哑光黑和不锈钢。家具为我们喜欢的日本本土产品，其材质自不必说，尤其是简约而洗练的设计，会随着使用时间的延长而越发具有韵味。

Check!

用观叶植物、松梅竹枝及花卉增添华美气息。

巧用备菜准备每日餐食

每日食谱尽量选用当季食材。我经常用到"Balmuda"的微波烤炉、"Staub"的锅具以及法式长柄煎锅。而且，我还开始尝试用"照宝"牌的蒸笼做蒸菜。

我承担着包括做饭在内的几乎全部家务。由于丈夫不吃早饭，我也免去了相应的准备工作。因为我在工作的同时还要做饭，所以经常会准备一些备菜。另外，我还负责购买食材。偶尔外出就餐时，也基本以丈夫的喜好为主。我们会根据想吃的菜品来选择餐馆，不会冒险为之。

在早市购买新鲜的当地蔬菜

我们所住地区很容易买到新鲜的蔬菜。由于镰仓蔬菜非常好吃，所以我经常去早市购买很多应季蔬菜。而且，我还会用这些美味的蔬菜来制订当日食谱。

夫妇二人的兴趣之一是煎牛排、包饺子和做热狗

热狗是我俩最期待的早餐，搭配美味的咖啡慢慢品尝，堪称绝妙的早餐时间！虽然我也很重视家电的功能性，但会根据其颜色和设计选择购买。我们最喜欢用的是『DēLonghi』的多层烤架BBQ格栅烤盘。

买回食材后立即洗净、切好以便于制作常备菜

因为我们是双职工家庭，常备菜是必不可少的。每次买回食材后，我会立即洗净、切好以便于随时使用。这也是我单身生活时养成的习惯。用备好的食材做饭，既高效又不会浪费。如此一来，我在打扫的间歇就能做完饭，真正做到了两不耽误。

□ 即使争吵也不会让坏情绪延续至第二天

丈夫的性格非常沉稳，当我情绪激动时，他总能让我平静下来。所以，我们之间很少出现严重的争吵。我时刻提醒自己，一旦察觉自己不对时，不要钻牛角尖而要及时道歉。同时，不要让当天的坏情绪延续到第二天。没有交流就无法传递彼此的心声，所以谈心对于构筑良好的夫妻关系是非常重要的。

Check!

格外珍惜两人并排而坐吃饭的时间。

□ 最期待的是假日里和丈夫一起去露营

我从小就非常喜欢露营，结婚之后我们两人也会一起去露营。露营的魅力是能激发出人的积极性，让我们重新振作起来。我在选择装备及做野餐方面也有自己的标准。另外，赶上我俩都放假时，和朋友们聚餐也是一项不错的活动。

Living Together
CASE 16

尊重对方价值观、懂得适时让步的愉悦生活

Ai / Jyun 先生

Instagram / @888moni

彼此相偎相依的生活，让我们在不知不觉中度过了一个又一个舒心的日子，就像用旧毛巾擦脸时才有的那种安心感。这正是二人生活的妙处。虽然我们两人的价值观不尽相同，偶尔也有争执，但我觉得这些正是生活的意义所在。

二人关系 /	夫妇
共同生活时间 /	约六年
居住条件 /	独栋房屋（三年）
工作 /	Ai：顾问 Jyun 先生：顾问

Q. 不可或缺的家居用品是什么?

A. 餐桌不仅好用还要便于维护

我家餐桌为“旭川家具”的产品，我们非常喜欢这种极具自然感的设计。因为餐桌是每日都要用到的东西，所以我们较为注重其舒适性。尽管购买时价格偏高，但考虑到此款餐桌便于随时修理及维护，仔细算来也很划算。

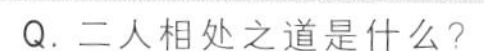

Q. 二人相处之道是什么?

A. 不被规则捆绑、有问题及时沟通

我们之间并无明确的规则，发生问题时两人会坐在一起推心置腹地交谈，从而构筑起和谐的二人生活。我认为，比起用规则捆绑对方，不如坦然接纳对方的不同，懂得适时让步与不断改进才是二人相处的关键。

Q. 整理的诀窍是什么?

A. 定期清点、处理多余物品

每年换季时，我会检查两至三次家中物品，将留用物品按用途和季节进行分类。虽然丢弃物品有些浪费，但是与其找东西或用旧器具多花时间，不如选择前者更为明智。

Q. 如何共度二人时光?

A. 边聊天边吃饭的幸福

因为丈夫非常爱说话，所以我常扮演倾听者的角色。现在，我已经能从他的谈话内容和语气上察觉出他的身体状态以及是否承受着压力。为了让在外奔忙的丈夫能在家里得到充分补给，我会为他准备暖心而可口的饭菜。

应丈夫要求而选择的独栋住宅的确好处多多

我希望在屋内从事家务的活动距离尽量短一些，所以一直很喜欢公寓。然而，喜欢户外运动的丈夫却无论如何都想要一栋附带停车位的独栋房屋。当我们搬入这栋房子后发现，这里不仅隔音好、窗户多、采光好，还有很多优点。另外，我在购房时对房屋地点也进行了详细调查。如果居住环境不能让人放心，就谈不到丰富多彩的生活。所以，我不仅调查了当地的灾害预警图、历史背景等，还就相关情况咨询了附近居民。

■ 二人的要求

① 采光好
② 窗户多
③ 附近有电车终点站
④ 距车站的步行时间在十至十五分钟以内

■ 喜欢独栋房屋的丈夫

① 想要停车位
② 只属于我们二人的房子

■ 喜欢公寓的妻子

看重屋内较短的活动距离

独栋房屋也是不错的选择！

① 隔音效果较好
② 窗户多、室内明亮

□ 绿植与鲜花构成了二人生活的主旋律

由于我从小就种植植物，所以我的家中必然要有绿植。虽然丈夫之前对绿植及家饰都不感兴趣，但现在当他去到这类店铺时，比我的兴致还要高。我家的标志树是一棵榕树。当我在观叶植物专营店『World Garden』看到它时，一下子就喜欢上了，幻想着在这棵树下看书该是多么美妙的一件事啊！之后，我还特意花时间向人咨询了栽培注意事项，一直细心照料着这棵树。

Check!

我负责打理植物，需要将其放到屋外时，会拜托丈夫帮忙。

□ 将洗衣机置于厨房旁能大幅提高做家务的效率

在我家厨房旁边有一处放置洗衣机的空间。这里既不冷，还便于在做饭间隙叠好烘干的衣物，大大提高了我做家务的效率。除了个别服饰用品之外，我会将所有洗完的衣物放入烘干机内烘干三十分钟，十分方便。考虑到生活中不同事物的重要程度，我一直觉得应适时减轻家务带来的压力，缩短做家务的时间，通过使用各种家电器具让自己轻松起来。

□ 冰箱上层为丈夫专用，物品放置便于双方使用

我的手很难够到的冰箱上层是丈夫摆放酒类饮品的专属空间。我不会占用该空间，同样也不会帮他补充存量。冰箱上层就像是『圣地』一样的存在。由于冰箱内纵深很深，我还在里面放置了几个从百元店买来的收纳架。这样一来，不仅便于随时拿取里层的东西，还能有效防止食材过期。

我很喜欢做家务，不过忙时也会偷懒

丈夫要比我细心得多，也非常擅于整理、收拾东西。每天他都会在自己的房间换好家居服，然后再进入起居室。而且，他最了不起的地方就是从不把个人物品带到公用空间。不过，我们并不会明确地分配家务，我很喜欢做家务，像打扫、做饭这些活儿都由我承担。如果本着自愿的原则承担家务，就可以适时地偷个懒，自然也能减轻烦躁情绪。

Check!

我很喜欢做饭，不过工作繁忙时也曾一个月未下厨房。

十分注重与当地人交往

我们日常见到邻居时会互相问候，同时还会积极助力『交通安全周』这类地区性活动。正因为这些日常的互帮互助，才能有效激发地区组织的功能，维护当地治安。为了让自己始终怀着感恩之心，我们打算一直与当地人保持交往。

Living Together
CASE 17

尊重彼此个人空间的轻松生活

我们是在同居之后结婚的，在生活中都很尊重对方的个人空间、兴趣爱好以及社会交往。『对方的独处时间等于自己的独处时间』，除了发生紧急事情外，我们之间很少联系。我不会强行处理漫画、书籍等自己喜欢的物品，同时也力求保持清爽、整洁的室内环境。

I / M 先生

Instagram / @kuko0924

二人关系 /	夫妇
共同生活时间 /	约三年
居住条件 /	贷款公寓（两年半）
工作 /	I：打零工（每周三次）+ 自由职业 M 先生：全职

Q. 家居设计的主导权归谁?

A. 妻子选定后两人再去确认实物

由于丈夫对家饰毫无兴趣，所以完全由我主导家居设计。当我要购置物品时，丈夫会决定预算，可能超支时则由我作出说明。因为丈夫很愿意跟我一同购物，所以每次购置家饰时，两人都会去实体店进行确认。

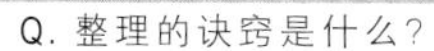

Q. 整理的诀窍是什么?

A. 选用方形收纳器具，避免浪费空间

我家冰箱里总是整洁而清爽。我们习惯将粉类食品装入保鲜盒，将常备菜装入“野田珐琅”的容器中。我们不会选用圆形收纳器具，而是选择方形的，从而避免浪费空间。同时，还用小筐将蔬菜隔层分成不同区域，这样既便于使用，又便于打扫。

Q. 二人相处之道是什么?

A. 遇事时由挑剔的一方率先作出决定

从我们开始交往时就定下了这样一条规则：每逢需要作出决定时，要由挑剔的一方率先拍板。比如，我对外出就餐时的餐馆格外挑剔，所以每次都由我选餐馆、预约，并根据丈夫的喜好点菜。

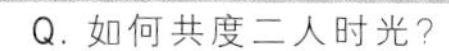

Q. 如何共度二人时光?

A. 制造两人外出约会的机会

由于我们两人都喜欢沉浸在自己的爱好里，所以需要制造机会一起外出。目前，我们正在一起打卡网红汉堡店。每当我们回看之前的照片、畅谈感想并商量下次要去的店铺时，都感觉彼此是如此的珍贵。

□ 寻找可满足两人不同时就寝需求的两室及以上户型

我们找房子的首要条件是便于通勤，次要条件就是房租价格。同时，我还吸取了以前租房过于浪费的教训。我们在同居时租住的是单室户型。由于生活和睡觉都在同一空间内，所以必须配合对方的就寝时间而就寝，这让彼此感觉很累。所以，我们这次要找一套两居室及以上户型的公寓。

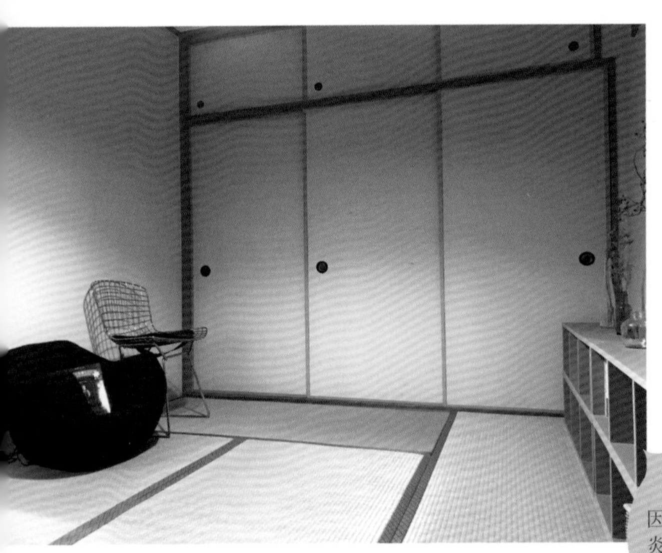

我们两人的东西原本就不太多，一直恪守“绝对不丢弃喜欢的东西”及“除此之外的立刻丢弃”的原则。也许这也是保持室内整洁的秘诀。

Check!

因为两人都患有鼻炎，所以要时刻避免室内灰尘沉积。

平日做饭，周日做简餐或外出就餐

做饭的事全部由我负责。每逢周六，我会简单烹制五至六种常备小菜，主菜与味增汤会现吃现做。赶上周日休息时，要么两人一起做炖锅或包饺子，要么出去就餐或到附近的牛肉盖浇饭馆打包回家吃。我们解决三餐的方式很多，总之，简单方便就好。比如，只需将现成的烤牛肉和干酪火锅配菜装盘，就成了一顿色香味俱全的大餐。

在前一晚准备好第二天带的饭

出于节约的考虑，我们每天都带饭，不过我不擅于早上做准备，而是在前一天将饭准备好。我会将常备菜、晚饭的剩菜和米饭都装入饭盒，待其凉了之后放入冰箱。同时，将晚饭剩余的味增汤也放入冰箱，次日早晨各自加热后再装入保温汤罐。虽然带饭的美味程度有限，不过我们各自的公司都有微波炉，加热后的口感也算不错。

Check!

将剩余的菜分装进硅胶保鲜盒并冷冻保存。

妻子的工作调动将促使两人共同分担家务

由于我的工作时间很灵活，所以家务基本都由我承担，丈夫会在假日帮我洗晒衣物。不过，随着我的工作调动，工作时间也延长了，今后该如何分配家务是我们正在讨论的话题。

有约在先——下班前必须联系我

由于丈夫回家时间很晚，我们平时很难一起吃晚饭。为了有足够的时间为丈夫准备晚饭，我会请他务必在下班之前联系我。我会根据自己到家时间与丈夫到家时间的间隔长短，合理安排打扫、做饭等家务，还会确定洗澡时间。

二人生活的真谛就是遇事时互相支撑

我们的共同爱好是看漫画、读书，不过因为各自喜欢的类型不同，有时尽管共处一室也是自得其乐。话虽如此，当有一方身体不舒服或心灵脆弱之时，对方都能给予关心和鼓励，二人生活的优势正在于此。就连日常的问候中也能感受到点点滴滴的幸福。

妻子的独处时间

我很喜欢喝酒，每当丈夫回家较晚或我独自在家时，都喜欢自斟自饮。假日里，我会和朋友一起出行或者去打篮球。我们两人绝不会干涉或限制对方的个人空间。

□ 在独处时自得其乐

丈夫的独处时间

由于丈夫工作忙，每天回家都很晚，所以他一个人时喜欢呆在家休息，也喜欢看一些平时没空看的书，就算出门也是去做按摩等能放松身心的事情。另外，他还会在每个月抽时间跟我约会一两次。

Chapter 02

Living Together

二人生活的家庭收支管理

在这些家庭中，关于房租、照明取暖费等固定支出以及日常饮食、社交等相关费用的管理方法可谓各有千秋。尤其是他们的储蓄计划以及对未来生活的思考也很值得借鉴。

case： 01

Kumi / D先生

Instagram / @ qu_miiiiiii

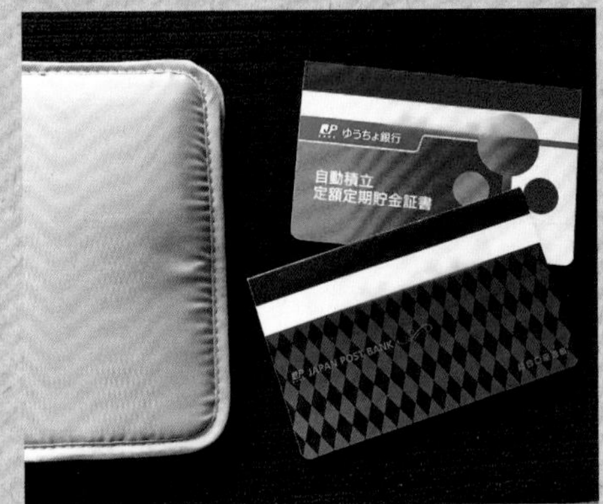

首先，我们会决定具体的储蓄金额，然后由银行在指定日期内划拨出来作为积累储备金。即便有时忘了，这笔钱也会按时从账户中划拨出来，可实现储蓄的稳健增长。

Technique 01

用信用卡缴纳固定开支以赚取积分

我们夫妇二人各有一张信用卡，平时消费时几乎都用信用卡。我所持有的是家庭用卡，便于统一管理缴费账户。无论如何节约，固定开支都是必须要缴纳的项目且额度相对固定，而信用卡支付却改变了这一切，因为通过它能高效赚取积分。另外，我们还会将淘汰的衣物等物品放到跳蚤市场 APP 上出售。各种节约所得用于兴趣爱好、旅行、户外运动以及品尝美食。

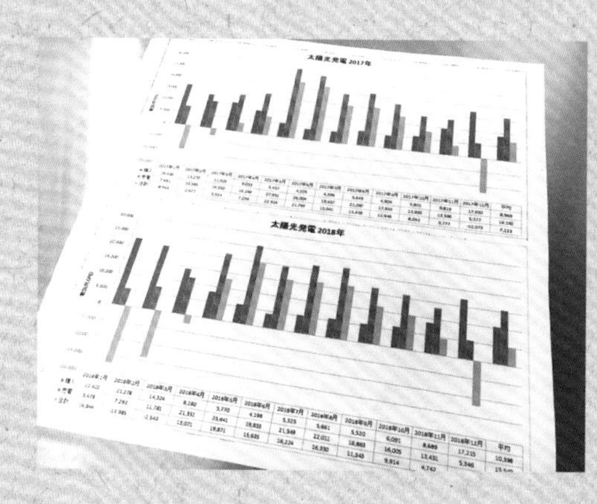

用Excel表格管控照明取暖费

我们习惯用 Excel 表格管理照明取暖费并随时掌握其变化情况。由于该表可与去年的数据相比较，能让不合理的用电情况一目了然。如果有过度用电的情况，我们会重新检查家里是否有不关灯等浪费行为，从而做到有意识地节约、节制用电，避免一切浪费。

夫妇都换成通信费更便宜的手机卡

此前，两人每月手机通信费用合计约 15000 日元，这让我们颇为在意。经过多种比较，我放弃了大运营商的合约机而选择了价格更为便宜的手机卡，由此大幅缩减了通信费。目前，两人每月手机通信费合计约 4000 日元，节省了一大笔开支。

用信用卡的消费记录取代账本

用信用卡支付的好处就是随时可在网上调取消费记录，这就省去了记账的麻烦，也无需单独设置账本。虽然我们持有银行存折，不过通过网上查询账户信息能省去不少麻烦。

case： 02

Kochi ／Taka先生

Instagram ／ @ koko_ie

家里唯一一个钱包是两人共用的。除了零花钱之外，个人的兴趣爱好、交友交际以及参加酒会等相关费用均出自这里。

01 Technique

利用公司的存款制度每月积累50000日元

丈夫每月工资中有 50000 日元会存入公司内部的存款账户里，而且在发奖金的月份里还会根据个人意愿增加存款金额。由于公司内的存款账户设有上限，一旦达到上限就会将钱转至其他账户。我会利用存款后的余额合理安排其他生活开支。不过，我不会单项计划开支，而是统筹管理。由于我们不分担开支，所以也减少了因出钱多少而引发的争执，得以将生活安排得井井有条。

想花钱的
事项

02
Technique

为了美食游而节俭度日

旅行是两人为数不多的共同爱好。为了去那些在电视、杂志里看到的地方品尝美食，我们经常出门旅行。虽然不知道这样的旅行能持续到何时，但我们想尽可能地丰富自己的经历。

不想花钱的
事项

03
Technique

尽量压缩三餐及日用品的开支

我在购物时会集中购买一周所需的物品，而且绝不买不需要的东西。购买日用品时多选择打折商品，所以我们平时的花费并不大。由于外出吃午饭会增加花销，于是我们选择带饭以节约餐费。

case： 03

Mayumi／Kouki先生

Instagram ／ @ miyo_344 @ miyo_344d

为了攒钱买床垫，我们一年里天天都会往“无印良品”的福罐里存钱。虽然目前钱数还不够，我们却很有成就感，看到罐里的81654日元，连自己都吓了一跳。

Technique 01

各自分管自己的收支

我家的收支由各自独立管理。曾有很多人问我，为何不采取常用的合并管理。我认为不应将管理金钱的工作交给对方，自己赚的钱应由自己妥善管理。由此，不仅利于各自掌控资金流向，还利于节约。由于我们工资不同，丈夫负担的开支相对多一些，如房租、照明取暖费等固定开支以及购买日用品等，而我负责购买日常食材及必要的家具。

想花钱的事项

Technique 02

对于便利的家具、家电情有独钟

对于能方便生活的东西，我们都很舍得花钱。之前我们是在地上铺被而卧，自从买了床之后，不仅减轻了腰腿负担，还省去了叠被的麻烦。不仅买床如此，我们在选购其他家具、家电时也不会只关注价格，而是选择自己真正钟意的产品。

不想花钱的事项

Technique 03

外出用餐时巧用商家优惠券

在假日里我们有时会外出用餐。除了一些特别的日子之外，我们外出用餐多数会选择能使用商家优惠券的餐馆，以节约不必要的开支。我们外出用餐不是为了品尝美味，而是为了减轻家务负担，所以家庭餐厅或牛肉盖浇饭馆就已足矣。

case : 04

Yui / Kazuki 先生

Instagram / @_ _yuinstagram_ _

Technique 01

我负责固定开支、丈夫负责其他开支的均衡式分摊

虽然今年是我们结婚的第六个年头，但在财务上还是分开管理。我每月会支付房租、照明取暖费、通信费，其余费用则由丈夫支付。折合成比例的话，丈夫与我负担开支的比例约为6:4。关于餐费，我们从同居时就开始记账，上面记录着使用人及具体花销。此外，我们还会对比之前的花销，以力求节俭。如果这个月丈夫负担的开支过多，我就会在下个月多负担一些，以保持两人的负担均衡。

想花钱的事项

Technique 02

夫妇二人说走就走的旅行

因为我们将来会要孩子，所以现在暂时还可以根据心情随时去旅行。为此，我们并不太吝惜金钱。不过，节俭是持家的根本，如果能够压缩旅行费和住宿费，我们也会尽量节省开支。

不想花钱的事项

Technique 03

生活应“量体裁衣”，不要过度浪费

在我们的二人生活中，钱并不太宽裕。尽管目前的房屋面积和生活水准略有提高，但我们始终没有忘记在伦敦的合租公寓里那间十张榻榻米大小的单室里生活的日子。

case： 05

Naru / Taa先生

Instagram / @ naru._.u

Technique

双方每月向生活开支账户里汇入一定额度钱款

夫妇设立了一个用于缴纳生活费用的共同账户，而且每月从各自收入中拿出一定金额汇入该账户，其他开支则由两人各自管理。另外，餐费由该账户的信用卡支付。该账户的收益余额将被转至其他储蓄账户。我们平时会用 Excel 表格大致记一下账。不想花费过多金钱的事项就是医疗保险，我们认为日本的保险制度已足够完善，没必要再购买其他医疗保险。

我们对于日常使用的毛巾、饭盒、吹风机、剃须刀、袜子等物品的品质要求较高，尤其是“scope”的家用毛巾一直是我们的最爱。一般来说，那些心血来潮购买的东西大多无用，所以我们不会购买季节性杂货等。

case： 06

saori／ koro先生

Instagram ／ @saori.612

用"无印良品"书桌内置的整理架放置就诊卡等各种卡片。除了放入钱包中的，两人一共持有 18 张卡。我们除了利用智能手机 APP 积分之外，不再办理任何积分卡。

Technique

将餐费、日用品开支、交际费的预算放入护照夹中管理

我们会将一个月的家庭开支放入"无印良品"的护照夹里进行统一管理，其中包括餐费、日用品开支及交际费用。而且，我们会用透明收纳袋分类放置。平时，我们会从这里支取一周所需花费，放入自己的钱包用于购物。护照夹的侧袋里放有银行卡、联票、收据以及存折。如果月末有结余，会将其放入白熊存钱罐。

case : 07

leaf / leaf丈夫

Instagram / @ leaf_asch

Technique

丈夫的工资用于日常开销、妻子负担自己的保险金及两人的养老金

家里的房贷、餐费、日用品花销、照明取暖费、汽车养护费及税费等日常生活开销基本由丈夫负担，他会尽量选择用卡支付，还会在每月确认缴费情况。餐费等生活费则由我从丈夫的账户里提取出固定额度并进行管理。我会以现金方式给丈夫零花钱及午餐费。另外，我会利用打工所得支付自己的保险金、年金，以及购买服饰、化妆品等。同时，将自己的收入结余作为两人的养老金及旅行开支。

我们两人都是吃货，在美食方面不会太吝惜金钱，只为了能品尝到自己喜欢的美味。即便有些咖啡豆、咖啡用具、蛋糕以及调料的价格不菲，但只要两人喜欢，我们就在所不惜。

case : 08

non / @2c先生

Instagram / @ ie_memo

将所有收据放于固定位置保存，同时也请丈夫将用过的收据放在这里。在记完账之后，将所有现金支付的收据扔掉，而用卡支付的收据在确认完划款情况后也会被处理掉。

Technique

用 Excel 表格管理开支，比起物品更愿为体验花钱

进入四十岁之后我们开始意识到养老的问题，也开始用 Excel 表格来管理日常开支。Excel 表格的优点是制作简单、能对开支情况进行具体分析，尤其是表格化处理让数据一目了然，也让我们有机会重新审视自己的消费及储蓄情况。由于我们没有孩子，所以无需准备教育资金。我们谨记：生活、购物应量体裁衣，不要添置过多物品。我们从多年前起就不再在纪念日等节日互送礼物，而是选择去两人最喜欢的餐馆就餐庆祝。

case : 09

I / M先生

Instagram / @ kuko0924

我们竭力购买了“NOYES”的沙发和床架。不过，对于短时使用的物品，比如厨房的操作台、电视柜及书架则会选择价格便宜的。

Technique

用丈夫的账户管理家庭开支，将妻子的工资均分为两人零花钱

现在，我们的日常开销都从丈夫的银行账户支付或用卡支付，其余额作为储蓄。而妻子每月打工所得平分用作两人的零花钱。除了消费品之外，为了让家中用品在下次搬家时还能得到有效利用，我们会不惜金钱选购自己真正想要的东西。如果手头宽裕，也会选择几件价格稍贵的商品。

case： 10

Shiori ／ Shiori丈夫

Instagram ／ @ 14_shiori

两人愿意花钱的事是旅行和花饰。我们每月各有 5000 日元零花钱，如果不够则会通过积分网站赚取少量零花钱，有时一年甚至能赚 40000 日元以上。

Technique

妻子的全部工资用于储蓄，每人各有5000日元零花钱

家庭开支由两人的工资共同负担。丈夫的工资用于负担生活费及资产运营，而我的工资则全部用于储蓄。同时，两人每月各有 5000 日元的零花钱。由于我们之前的零花钱是 30000 日元，所以用现在的零花钱购买化妆品及做美容略显不足。不过，对于这部分必要开支，我也会酌情消费。如果将零花钱主要用于喝咖啡及跟朋友吃饭，这些钱也够用。家里有家庭开支用钱包和零花钱用钱包，平时出门时我会拿着家庭开支用钱包。

case : 11

Ai／Jyun先生

Instagram ／ @ 888moni

我们认为该节俭的地方就应该节俭，比如能在药店、超市购得的便宜瓶装水就绝不会去便利店购买。

Technique

丈夫负担并管理生活费，我管理餐费及杂费

我家主要靠丈夫赚钱，他不仅负责管理家庭开支，还是家里的“经营部长”及“财务部长”，承担着巨大的责任。尽管我也工作，但只负责管理日常餐费及杂费，同时负责执行家里的经营及财务事项。两人都不喜欢在廉价物品上浪费金钱，会不惜金钱购买好品质的商品。对于兴趣爱好、社会交往等必要开支，也会花费一定金钱。反之，对于那些诱使人盲目消费的便宜货，我们会敬而远之。

case： 12

miyu / *miyu丈夫*

Instagram / **@ chiisaku_sumau**

Technique

游刃有余地进行储蓄，并杜绝虚荣性消费

选择简单的生活也就自然而然地杜绝了过度消费。之前，为了节约餐费，我总是买一些便宜的食材。现在，我们已完全舍弃了任何麻烦的事务。自从孩子大学毕业之后，我们在储蓄方面也不再勉强为之，只是有余钱的时候存起来。虽说如此，我们也不会为了满足自己的虚荣心而消费。不过，有两点我们一直谨记：一个是不借外债；另一个是考虑到丈夫没有奖金、我没有收入，要一直坚持储蓄。

为了让丈夫能一直健康地工作下去，我们在保健方面不会吝惜金钱。我们去健身房运动，同时在饮食方面也不会刻意节省，而是更注重食物的营养性。

ichigo／shingo先生

Instagram ／ **@pokapokaichigo**

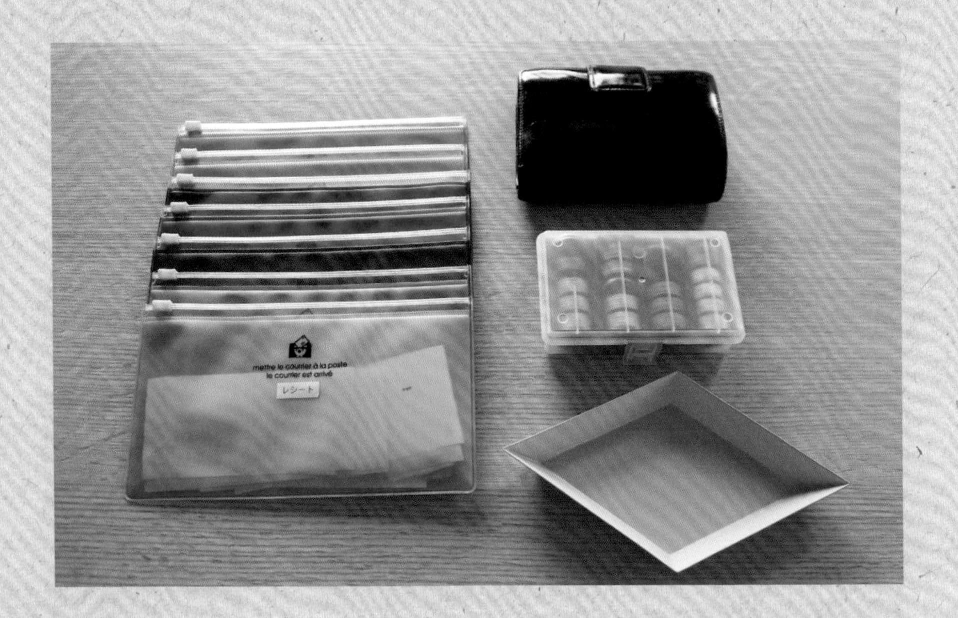

Technique

将大面额纸币换成一千日元纸币，按周管理餐费与日用品费

我们两人的收入放在一起管理，我会抽出其中的生活费部分，并将其全部换成一千日元纸币，然后按每周所需的餐费及日用品费的预算分成五份。之后，两人会严守每周预算，仔细安排具体开支。我们每周会用电脑记一至两次账，因为只需将各种收据金额进行合计，所以记账用时不到五分钟。另外，如果丈夫用自己的钱为家里添置物品，其收据也会归入总数，我会在记账时返给丈夫现金。为了便于返还，我还备有一些零钱。

case： 14

tongari ／tongari丈夫

Instagram ／ @ tongarihouse

我们从结婚之后就养成了用存钱罐积攒 500 日元硬币的习惯。我不太清楚丈夫已经存了多少钱，但我给自己规定的金额绝不会给自己造成负担。

Technique

各自管理自己的财务，大额支出由丈夫负担

家里的房贷、保险费、照明取暖费等大额支出均由丈夫负责；餐费、日用品费及出外就餐费等小额支出由我负责。由于家庭开支是分开的，所以财务也各自分开管理。我想尽量缩小钱包体积，所以很少放入现金与收据，通过每月给交通卡存入约 20000 日元用于小额支出。另外，我们还会计划性地用信用卡消费，同时将积分换算成航空里程以用于购买特惠机票，从而满足两人的旅行爱好。